在花园里上自然课

阳台访客

锈孩子 著

中国林业出版社

图书在版编目（CIP）数据

阳台访客：在花园里上自然课 / 锈孩子著. —北京：中国林业出版社, 2019.9

ISBN 978-7-5219-0248-8

Ⅰ. ①阳… Ⅱ. ①锈… Ⅲ. ①植物—青少年读物 ②昆虫—青少年读物 Ⅳ. ①Q94-49 ②Q96-49

中国版本图书馆CIP数据核字(2019)第195069号

策划： 花也编辑部

责任编辑： 印 芳 邹 爱

出版发行	中国林业出版社 (100009 北京市西城区德内大街刘海胡同7号)
印　　刷	固安县京平诚乾印刷有限公司
版　　次	2019年10月第1版
印　　次	2019年10月第1次印刷
开　　本	710mm × 1000mm 1/16
印　　张	8
字　　数	200千字
定　　价	58.00元

未经许可，不得以任何方式复制或抄袭本书之部分或全部内容。

版权所有 侵权必究

自序

以生命照耀生命

我的世界，眼睁眼闭，都是花开花落。曾被朋友笑说，你这不接天不连地的小阳台，弄不成气候。而今多想请她来家，看我满阳台的风景。

童年生活在陕西秦巴山区的部队大院。自幼体弱遭病痛之苦，在远离都市，除了收音机，没有任何电子娱乐方式的时代，对我百般疼爱的父亲，想到的能让我欢娱的方式，是利用一切业余时间拉着我的小手步入自然。每至周末，总会有我们一大一小的人影晃动在阒寂的山道河畔。

那时，远山的积雪头顶的天汉、地震的震撼山洪的惊涛、矿石的结晶团雾的奇幻……楼梯上的绿尾大蚕蛾、楼下的狐狸脚印、猫头鹰的夜半咆哮、山溪里的娃娃鱼、臭椿树奇形怪状的树胶……在在都是我的开蒙教材。人之于大千世界，微渺不堪，忽然而已。自然的宏阔苍茫、诡异神秘、旖旎绚烂和沉郁顿挫，令我由畏生敬，让我对自幼痴爱的园艺，天然地有了这样的观念：园艺花草，绝非单纯是人类嗅其芳赏其容的有机装饰品，而是来自自然的野性生命。这成为后来一切观察和书写的铺垫。

本书内容，以为上海《好孩子画报.芝麻开门》杂志写的“阳台小客人”专栏为主体，集合具它杂志发表的部分文章，增补校改而成。由起初担心小小的阳台花园，没有足够素材撑起一个需要持续书写的专栏，到最终发觉由盆花们带来的访客，为我上演了一部永无完结的生命连续剧，在层层递进的探究中，我象坠入兔子洞的爱丽斯，开始奇境之旅。然而零散碎片化的随性观察，要用专业知识进行系统提炼，牵涉的知识面又广而杂，这一过程对没有生物学专业背景的我太过折磨。曾因园艺水平而自豪的我将自信归零，成为向自然求学问道的高龄小学生。因孤陋，我的文章相当多“来客”名称无法定种，只是科属名，且常有“疑似”的前缀。

“微小”是我描述花园访客的高频词，这些小家伙身上的大学问为

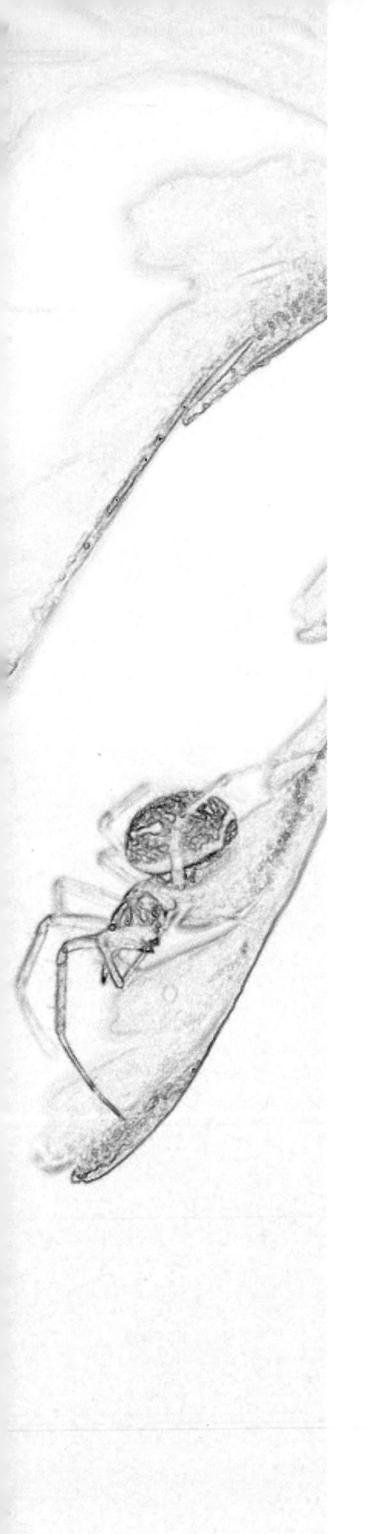

我上了一课又一课。由最初仅好奇“这是什么”到对其行为和生命史的追踪，到探究与园艺植物、周边大环境的相互关系，再度强化了我对园艺审美的理解：花园并不仅止于对花草的视觉审美，没有生灵间的互动，是单调死寂的。

本书很大的遗憾是，受限于篇幅和个人认知水平，仍有大量来客、美图和故事没能分享。书中难认及少用的汉字标注了拚音，希望为阅读带来方便。可以不屑我文辞粗浅，但请对我记录的“微小”的它们，心存尊重，莳花弄草时，能多一个观赏视角。由衷感谢在整个书写过程中被我反复打搅、知无不言的老师们，他们中最小的才十四岁，原谅我无法一一列出姓名。

近几年阅读了西方“The Wildlife Garden”（我将其意译为“野性花园”）的相关书籍，其中对园艺植物与其它野生生物间复杂关系的考察、花园造景对野生动物活动栖息的考量、对蜜源植物和寄主植物的栽培，与我何其合辙。“The Wildlife Garden”

在现代园艺中并非一个流派那么简单，而是当生态成为人类的重要议题后，园艺的必然走向。

论及花园，空间多为庭院或屋顶露台，而中国的国情决定了，嵌入钢筋水泥高楼中的阳台，是更多的家庭园艺空间。所以，希望我关于阳台“野性花园”的实践，能为广大在阳台养花的同好们提供新的思路，也能为高层建筑的立体生态绿化提供些微参考。

植物们被人类所取悦的千姿百态，本身就是在其漫漫演化进程中，不断与其它生命协同进化的结果。愿生命世界万物并育、多样纷呈。

以生命照耀生命。

锈孩子

2019 年 9 月

目录

003 开门见喜
009 葫芦娃的故事
014 猜猜我是谁
020 那道黑影划过
024 当花朵长出翅膀
032 我不是妖精
038 会跑的垃圾堆
046 野草总动员之一
050 野草总动员之二
056 饰草

062 一滴水
070 撑起小花伞
076 水陆两栖的小飞机
084 大迁徙
088 「呆萌」成长记
092 好友记
098 你在干啥
104 伪装者
110 阴暗的世界
116 长发舞者

跳蛛：论游猎的家伙，阳台最多的是跳蛛。跳跃高手的它体型不大，以我家中所见，多数体长不足一厘米。它视力相当好，八只眼，正前方中间的一对完全具备人类对眼部的所有审美要求——大，圆，亮。

开门见喜

踌躇满志装修阳台时，遇见的首位造访者是一只蜘蛛。我手拿卷尺，量哪儿，它游荡到哪儿，我嫌它碍事，它也嫌我烦。一来二去，彼此结了点小怨，干脆我不干活了，抓起当时不咋地的小数码相机，为它留个有点模糊的影。闪光灯打亮的瞬间，它一愣，更恨我，加速度三蹦两跳窜没影儿了。

这是一只猫蛛。体色淡黄绿，有白斑，八条腿布满长长的尖刺，看不出它和猫有啥近似，叫这么个名字。

在中国文化里，来家的蜘蛛可是吉物，民间美称“喜蛛”。还常见这样的雕刻小品：一只胖脚丫上点缀一枚小蜘蛛，象征“知足”。我的阳台，日后渐渐锦绣，生机洋溢，还真说明当初这第一位猫蛛来客，是开门见喜的贵宾。

猫蛛，体色淡黄绿，有白斑，八条腿布满长长的尖刺，看不出它和猫有啥近似，叫这么个名字。

偶尔有不规矩的蜘蛛来客，从阳台大模大样擅入客厅。比如 种安蛛。这是迄今来家块头最大的蜘蛛，有蜘蛛侠的范儿。前后足完全摊开，比我拇指还长点，头部最前方暗褐红色，背有黑条纹，浑身毛乎乎地粗砺着。不像别的小生命，警惕地找边角处藏身，它似房东般蛮横趴客厅正中，不动，冷冷散发杀气，难怪我家没有蟑螂。安蛛和猫蛛一样，都是四处流浪打猎，属于不结网的游猎蜘蛛。

安蛛，这是迄今来家块头最大的蜘蛛，有蜘蛛侠的范儿，前后足完全摊开，比我拇指还长点，安蛛和猫蛛一样，都是四处流浪打猎，属于不结网的游猎蜘蛛。

论游猎的家伙，以上二位不过偶然到访，阳台最多的是跳蛛。跳跃高手的它体型不大，以我家中所见，多数体长不足一厘米。在蜘蛛的世界里，它视力相当好。跳蛛有八只眼，最前方中央的一对，完全具备人类对眼部的所有审美要求：大、圆、亮。就是这对眼配上小身材，

图1、2、3：跳蛛，长着萌翻人的大眼睛的跳蛛，会出现在阳台许多地方。
图4：花盆底，雌性跳蛛巢中护卵。

让它充满可爱的喜感。跳蛛虽不结网，但不等于不会造丝，当从空中落下时，常要依靠蛛丝当保险索。我在花盆下还发现过跳蛛用丝结出的巢，一只雌性跳蛛正趴在其中护卵。

发现红螯蛛的时候，它正在两片叶子间忙活编织，这不是结网而是筑巢。它也是游猎蜘蛛，但和跳蛛这种白天活蹦乱跳的蜘蛛相反，红螯蛛白天喜欢躲在巢中，入夜才爬出大开杀戒。

在阳台，结网蜘蛛的网造型各异。当花盆中高高的爬藤架搭起，平平展展、像水面涟漪一圈一圈的大圆网也跟着出现了。这是园蛛的作品。定居在贴梗海棠枝间的肖蛸，又名长脚蛛，也结平面的网，只是我从未见过它像园蛛那般，坐镇网中央，平素它将八只脚收到首尾两头，全身缩成“一”字形贴树枝上，瞬间隐身，与枝干融为一体。《千与千寻》里有个烧煤的锅炉爷爷，身型寡瘦，形象阴郁，却心地善良，总觉得肖蛸是它的形象原型。不过真实的肖蛸，才不会把入境者当小千那般优待，见过它对一只倒霉撞网的家伙捕杀开吃的全过程，那叫一个狠。

阳台出没的某种盖蛛造就的是复杂的立体网，叫皿网。

红蟹蛛营巢中。发现红蟹蛛的时候，它正在两片叶子间忙活编织，这不是结网而是筑巢。

当它相中狼尾蕨与木质花车之间的空档，我便开始了蹲守观察。在来来回回的丝线链接中，迷宫般的多层空间出现了。这才叫天罗地网，像横七竖八密布的防盗激光线，途经的小生命真是一网打尽。还有一种立体的网是漏斗状的，制造者就是一种漏斗蛛，第一次发现它的时候，它正在叶子上的漏斗网里大餐。

美餐中的肖蛸。定居在贴梗海棠枝间的肖蛸，又名长脚蛛，也结平面的网，平素它将八只脚收到首尾两头，全身缩成“一”字形贴树枝上，瞬间隐身，与枝干融为一体。

可惜我的阳台花园位于四楼，不接地气，若有庭院，那么除了游猎蜘蛛和结网蜘蛛，没准还能遇见穴居蜘蛛，以及楼下绿化带里的金蛛，它会像《夏洛的网》里的主角，在网上“写字”。

图1：和跳蛛这种白天活蹦乱跳的蜘蛛相反，红螯蛛白天喜欢躲在巢中，入夜才爬出大开杀戒。

图2：一只跳蛛正利用一根丝安全荡下。蛛丝是由腹部叫纺绩器的器官产生的。

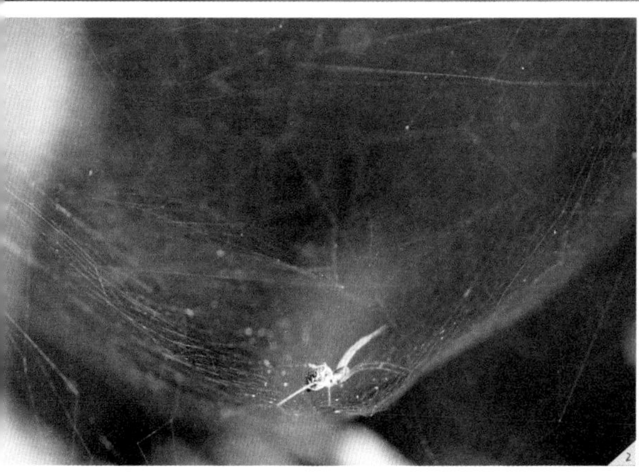

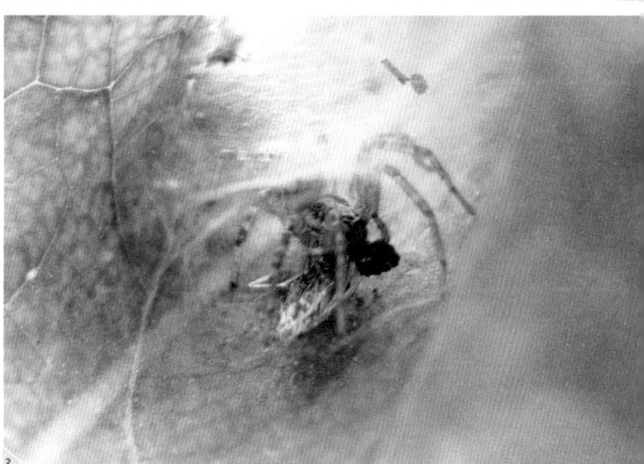

图1：盖蛛。狼尾蕨上准备结网的盖蛛。
图2：盖蛛。蹲在皿网底部静候猎物。
图3：第一次发现它的时候，它正在叶子上的漏斗网里大餐。

草蛉：在葫芦叶下躲雨。

葫芦娃的故事

女儿臭臭操剪，对准那枚玲珑垂挂的葫芦娃蒂部。我和她爹侧立静观，隆重凝视。这是每年开学之际，家中举行多年的活动。剪下葫芦，捡起福气。葫芦娃圆满修成正果之际，呼应着孩子们的新学年伊始。成长，在两种生命间，在四楼数平方的弹丸阳台，完成接力。

经年在阳台与各式花草共生，对每株每朵都无限亲爱，但唯有种植葫芦，在我是一种仪式。播种、移盆、搭架、打顶、掐须……当出现一朵柄短、花蕾下挺着毛乎乎大肚子的花儿，雀跃吧！恭喜有喜啦！此时每日的阳台巡视更频繁，目光地毯式扫视植株全身，探寻异常和生命的微小踪迹。叶下躲雨的草蛉，停栖藤蔓的黄蜻，叶缘洗刷身体的象甲，背阴处酣睡的龟纹瓢虫，恋爱中的锤胁跷蝽，劳作不息的毛蚁……

频繁出现的细小草蛉卵，被纤毫丝柄挑着，风吹颤动，好似有弓在弦间往复。一个小点儿，由远及近，准确降落葫芦盆边，是半公分体长不到的蝇。它像是来寻找啥，跃入盆内，踅来踅去。一片低垂的葫芦叶抛下的阴影里，它终于安下身，通过微距镜头才恍然是在产卵。在江南湿热的初夏环境中，葫芦叶基处有一对形似乳房的疣突状腺体，溢出的微小蜜珠，常招

图1：像不像瓢虫在吃“葫芦奶”？在江南湿热的初夏环境中，葫芦叶基处有一对形似乳房的疣突状腺体，溢出的微小蜜珠，常招引多种蜂与蝇、蚂蚁、瓢虫、蚜狮（草蛉幼虫的别称）等等前来“吃奶”。

图2：蜜蜂。大半个月的时间，它将此地当成早餐食堂，天天签到，盘旋在数株葫芦间高高低低左插右穿，不放过每片叶，一一反复吸过。

某种大草蛉在葫芦叶背产的卵，被纤毫丝柄挑着，风吹颤动，似有弓在弦间往复。

引多种蜂与蝇、蚂蚁、瓢虫、蚜狮（草蛉幼虫的别称）等等前来“吃奶”。有大半个月的时间，一只蜜蜂将此地当成早餐食堂，天天签到，盘旋在数株葫芦间高高低低左插右穿，不放过每片叶，一一反复吸过。

这些自然精灵，在如厮烦杂的城市并不属于它们的生境中，如何准确捕捉到梆硬的钢筋水泥的楼宇之上，属于它们的这方狭小飞地般的绿洲？还真不知这葫芦藤引来过多少小家伙，单说昆虫，就是一份尚未盘点清楚的记录，另外还有跳蛛、蛞蝓、土里的小调皮们，偶然飞临的白头鹎、大山雀、乌鸫、八哥等鸟类……你们是最生动的生命教科书，令自己汗颜对朝夕与共的自然真无知。

以葫芦叶上的白粉病菌为食的黄瓢虫，躲在葫芦娃中部缢缩处完成羽化。黄瓢虫吃白粉病菌对葫芦是好事，但同时它也在扩散病菌。黄瓢虫、白粉病菌、葫芦三者间构成相爱相杀的复杂关系。

盛夏，经人工授粉后的葫芦娃们一天一个样，已然油亮浑圆，盛夏万籁喧哗中，迎着光，有满满的充盈感。2012 年 7 月 22 日天光微蒙，幽暗中惊觉手捻葫芦娃身体似有异，揪着心凑

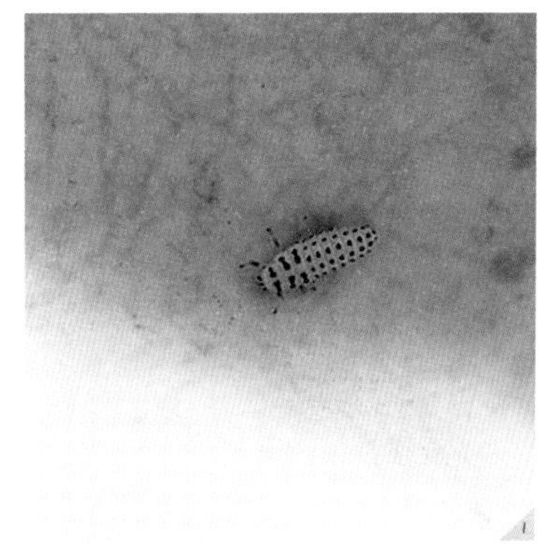

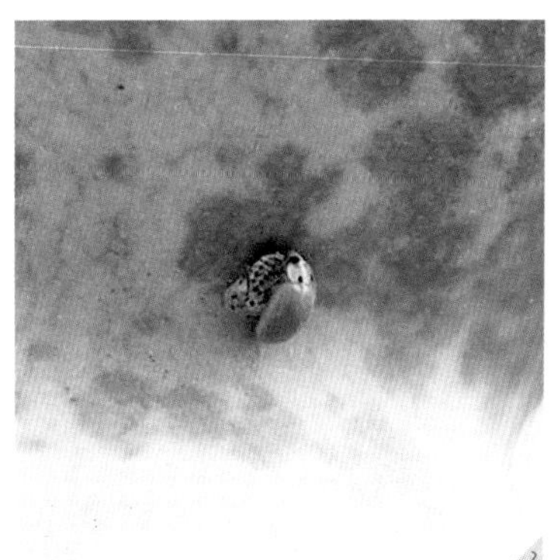

图1：黄瓢虫幼虫。
图2：黄瓢虫幼虫羽化。
图3：这位喜欢啃葫芦娃的皮，不好意思只好驱逐。这类家伙偶尔出现数量有限，犯不着用杀虫药狂喷来对付。
图4：在保护伞般的葫芦叶下产卵。

葫芦叶下一对锤胁跳蝽交尾中.

近探察：浑圆肚子上，竟生出二十七枚整齐码放的小“珍珠”！是什么？谁干的？为何夜间选择此处？以看悬疑片的心情，开始了跟踪观察。数天后清晨，“珍珠”表面出现三角形和两块红斑，下午有透明的小东西钻出。第二天，二十七枚“小透明”艳阳下着花衣，红褐色小马甲配黑条纹，还是认不出是谁。接下来，暴雨浇，台风刮，最终仅一只留存。经过数次换装，9 月 12 日，一身成年盛装的它，终于让其身份揭晓：茶翅蝽。三天后，茶翅蝽不辞而别。这是阳台由葫芦养育，第一次被完整记录的不完全变态的昆虫成长史。此后，连年初夏可以看见它的小身影。

葫芦，人类最古老的栽培物种之一，从温带到热带的广泛分布，跨越种族的图腾植物，是蔬菜是中药是盛器是文玩是乐器是艺术品，于我，葫芦更是深具母性，我种下的是一枚种子，最终成长为护佑并链接众多生灵的藤蔓，令生命与生命相互滋养照耀。我藉由葫芦，达成对至敬至畏至爱的自然，绵薄的反哺之责。绵绵瓜瓞（dié），期待下一场生命轮回。

经过数次换装，9 月 12 日，一身成年盛装的它，终于让其身份揭晓。

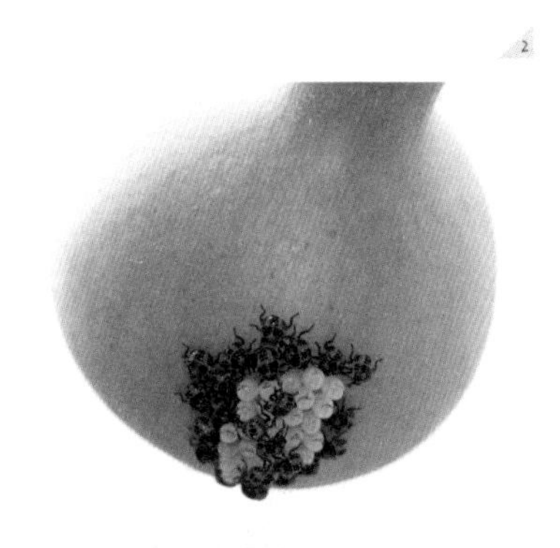

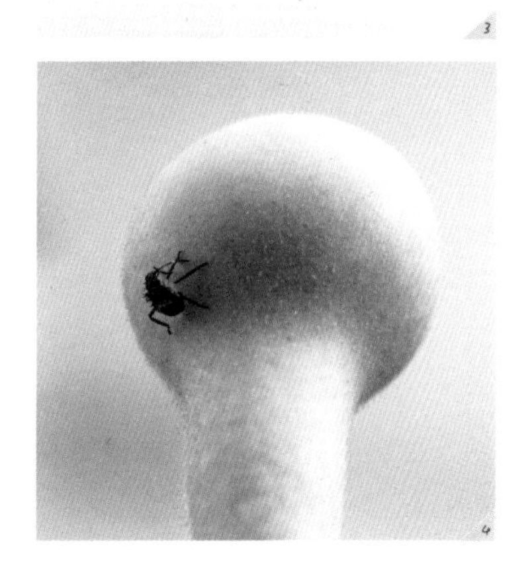

图 1、2、3、4：茶翅蝽成长过程。

猜猜我是谁

左眼角有什么微微弹动，不及我反应，它已似小子弹，射向右边同样小巧的矾根花朵了。又是你！阳台花草的老朋友、“死忠粉”。每年，第一位到访者是你，最后一位离开者，是你。甚至，发现过在阳台“猫冬”的你。

正是一年阳光最好的时候，不燥，不灼。

但老朋友此刻顾不上享受，像有点焦虑，因为，矾根花像一串儿下垂着的小铃铛，令到访老友略有一点登陆困难。好在体小身轻，会快速振翅悬停空中，花蕊也很配合，长长地探出铃铛，让老友在经历一番空中踢踏舞之后，四脚抓牢花蕊，杂技一般，倒吊着饱餐。阳台的金铃花、玉簪等等，都长有这样伸长在花瓣外的花蕊，分明就是勾引老朋友来“倒吊”嘛！

只要我受邀去小学讲阳台的故事，PPT 首页展示的，一定是右边这张图：

紧跟着我提问：“图上看到什么？”孩子们

食蚜蝇。倒吊于玉簪花下。好在体小身轻，会快速振翅悬停空中，花蕊也很配合，长长地探出铃铛，让老友在经历一番空中踢踏舞之后，四脚抓牢花蕊，杂技一般，倒吊着饱餐。

一只食蚜蝇飞向微型月季.

总是毫不犹豫地、肯定地，用稚气童声，齐齐地回答：“小蜜蜂飞向月季花！”好抱歉，答错了，全体中招。迎着一片惊愕瞪眼的疑惑小脸，我解释：图中是一只食蚜蝇飞向微型月季。

食蚜蝇？可它长得太像蜜蜂了！别说孩子们会认错，我曾在成年人的摄影展中，看到它与花的合影，被作者起名为《蜂恋花》。这个问题，十几年前也迷惑过我，这种花丛中常见，飞行时没有嗡嗡响的“小蜜蜂”，总觉得和惯常所见的蜜蜂有别，到底是谁？

只要仔细观察身体细节，二者区别还是很明显的：蜜蜂有两对翅膀，食蚜蝇却仅一对，翅下另有一对细小的、像高尔夫球杆的“平衡棒”，用来保证飞行时不至于东倒西歪；蜜蜂后腿比前腿粗，常常裹着一大团花粉，而食蚜蝇的后腿没有收集花粉的功能；再看头顶的一对触角，蜜蜂是一节一节的，挺细长，食蚜蝇很短，芒状。

食蚜蝇的种类太多了，但

图1：看到翅下那对小小的平衡棒了吗？
图2：铁线莲上的黑带食蚜蝇。
图3：风铃草花朵中的大灰食蚜蝇。

食蚜蝇舔食花朵。

图1、2：斑眼食蚜蝇。
图3、4：长尾管蚜蝇。

在我的阳台，经常到访最常见的，就是黑带食蚜蝇和大灰食蚜蝇了。

偶尔也会有疑似是短翅细腹食蚜蝇的小伙伴来，记得还是以打架的形式出现的：不知何事，两只同类起了纷争，一番空中扭打，其中一只不幸坠落在碗莲的水盆中，另一只见状掉头开溜。落水的挣扎爬上细小的莲叶，成了有气无力的"落汤虫"，垂头沮丧，身体透湿，没有了起飞的可能，在莲叶上缓缓蠕动，拖出一条长长的水线。爬到叶子另一边，停住，忽然，猛地通电了一般，努力撑开双翅，快速抖动，晾干双翅，飞了。

在阳台很少露脸的，是斑眼食蚜蝇和长尾管蚜蝇，样子胖胖的，酷似熊蜂。

蜜蜂有蜂针，有蜂毒，谁敢乱惹？想来食蚜蝇一定是相中了这一特点，成了蜜蜂的超级模仿秀，甚至它连蜜蜂蛰刺的动作都会模仿，别怕，它的尾巴没藏着暗器，不过是吓吓你。食蚜蝇顾名思义，它的许多种类的幼虫以蚜虫为食，成虫又在花朵间东舔西抹帮着授粉，绝对是我阳台小花园的密友噢。

食蚜蝇打架落水，无精打彩爬上莲叶。

努力撑起湿透的双翅，快速拧干。

那道黑影划过

隔着阳台栏杆处的玻璃，看见小乌鸫站在晾晒的竹席上……

每个黑夜，都是让鸟叫亮的。随着鸟鸣声由稀稀拉拉渐渐稠密，笼罩在天地间的墨色，也一点一点浅淡下去。

那年初夏，四声杜鹃，就是俗称的“布谷鸟”，凌晨三点破啼。敏感的我，迅速被唤醒，恭听清亮高亢的夜半歌声：“布布布谷、布布布谷……”臭臭后来吃惊地问我：城市里真有这种鸟啊？

对今天的城市孩子，太多自然界里的生命，是不是都成了“传说”，压在神话故事的书页间，难以在现实世界亮相？

四声杜鹃的出现，和自己的家在葱葱郁郁的城市远郊有关吧。在南阳台，在太阳未露头的暗淡天光中，数次惊见它边飞边飙高音，似暗夜之箭，黑影迅疾掠过。北阳台的上方，常有黑卷尾安家营巢，这可能也是杜鹃到来的重要原因。这家伙游手好闲，狡猾，不负当爹作娘之责，“坏坏”地将蛋蛋们产在黑卷尾或是苇莺家里，把人家的蛋偷换掉，因为它的蛋和这两种鸟的蛋模样近似。

话说黑卷尾，凶悍霸道，有次见它拖着剪刀般的尾巴，向下急促射去，原来是追打乌鸫（dōng）！“黑”“乌”之战，永远是黑方挑起黑方胜。而被驱逐的乌鸫，其实才是真正的本土原住民，是留鸟，四声杜鹃和黑卷尾，都是夏候鸟。

乌鸫与人类伴生，在我房前屋后见过的二十三种鸟中，它是最常见的鸟类之一。羽色乌黑不起眼，嗓音却非凡，一开春，屋外就属它的鸣唱华丽婉转，曲调多变悦耳，还会模仿其他鸟的歌唱，难怪有人叫它“百舌”，瑞典视为“国鸟”。我对乌鸫有特别的感情，缘于2014年5月18日晚上八点，那道贴着鼻子划过的黑影。

当时，正与最外侧花架上的花花们一一道晚安，绣球花丛中，猝不及防“唰唰”窜出黑乎乎的东西，飞入楼下树丛。虽吃惊不小，但也未放心上。因为这儿不是第一次有鸟儿出现了。曾有只珠颈斑鸠在此蹲了半天，估计想营巢，但还是消失了。我在阳台伺弄花草频繁出没，怎么可能有鸟来筑巢呢？不过，自打入住这个小区，可能

觅食归来。乌鸫宝宝的伙食以毛虫、蚯蚓为主，[illegible]甲虫。

图1：毛球样的麻雀，衬着紫色花雾，站阳台晾衣杆上。
图2：在阳台边的空调管线上，一直看我浇花。
图3：刚离巢的亚成乌鸫，比爸妈好看，胸前一片斑，站在栏杆处，好奇地打亮阳台内景，不断和我交流鸟语。
图4：空中羽毛雨落花盆中。像戴胜的毛。估计被猛禽吃掉。

是阳台绿植很多吧，明显在其四周安家营巢的鸟比小区别处多。白头鹎、麻雀、珠颈斑鸠、八哥，都是常住客。看着周遭鸟巢中一拨拨鸟宝宝长大，还是难免幻想，阳台来一窝多好。那些刚会飞的亚成鸟，离巢停栖的第一站，我的阳台常是首选。最可气可笑的是有一回正要收晾晒的竹席，阳台外侧的空调室外机下，一只乌鸫宝宝从巢中扑扑飞出，站阳台护栏上，好奇地打亮小花园，对着我叽呱了半天鸟语，而后，把竹席当游乐场，一番唱唱跳跳后，狠狠地拉下一大泡屎做留念。偶尔也有鸟儿在阳台干点“坏事”，白头鹎偷吃小蕃茄、咬断葫芦苗，呵呵，无所谓，就当给鸟儿的礼物。还有命案呢，阳台曾纷纷扬扬自空中飘下羽毛雨，这样的高度非猫所为，估计是哪只倒霉鸟让猛禽吃掉。

回头接着说那道夜色里划过面前的黑影。我心惊肉跳地发现，黑影是乌鸫，真的选中阳台开始营巢了！勤快的乌鸫夫妻，不断衔来草茎、稀泥，当编织工、泥瓦匠，最后，整体构架快落成时，乌鸫会全身陷入，展开双翅，拼命向下扑腾，以身体当夯土机，压实巢体。5月27日，第九天了，中午一点，夫妻双双把家还，在巢里停留了数分钟飞离。跑过去偷看：呀！下蛋啦！比鹌鹑蛋大一点，淡蓝绿色加褐红色斑点。大喜！小花园添丁加口啦！ 6 月 2 日，下完四枚蛋后，乌鸫开始趴窝孵宝宝。这对乌鸫夫妻眼光真好，将家安在盛放的绣球花下，花朵成团成簇，即挡风雨又美观。可却难为了我，天气越来越热，此花需水量大，这些日子为不打搅这对小夫妻，已经活得像贼似的鬼鬼祟祟，现在它长时间在巢中孵蛋，我如何浇水？干脆安装监控！屏幕上一旦见乌鸫离巢，立时飞奔至阳台迅速浇水。双方辛苦到 6 月 15 日，监控里有团东西在蠕动——第一只宝宝诞生啦！没开眼，不能站立，没有羽毛，一团粉红小鲜肉。最终，两枚蛋未成功孵化，第二只宝宝破壳不久夭折，面对仅存的独子，我成天揪着心，却只能以偷窥的目光陪伴祝福乌鸫一家。我们一家三口，天天牵挂着阳台这一家三口，忽然觉得这种焦虑，是一种不是谁家都有的幸福。可惜，这样的幸福太短。6 月 27 日清早，监控里宁静得可怕。这只已经开眼、双翅已生出黑色飞羽的独子，还是不明原因地夭亡了，死时肚腹涨得很大。这段时间，乌鸫平均每天喂食二十几次，每次两三只虫，是否过量进食被活活撑死？我只能痛苦地猜测。坚强的我，很久没有这样难过……

空巢还一直保留着，乌鸫喜欢旧巢再用。我用满阳台的绿意和锦绣重新期待。

图 1：绿色箭头处，可见隐于绣球花下的乌鸫巢。
图 2：呆萌乌鸫宝宝抱团取暖。
图 3：白头鹎好奇心重，试吃葫芦苗，咬断就吐掉。
图 4：小番茄让白头鹎啄出大洞。

当花朵长出翅膀

猜谜：会飞的花——打一昆虫。

任谁都会脱口而出：蝴蝶。

童年着迷过一幅插图。依稀记得，它好像出现在儿童文学作家金近的作品集里：一只蝶，身体是人类纤瘦小美女模样，垂着优雅大长腿，后背伸展着一对好大好大、图案曼妙的翅膀，像在花间休闲，又像在花间翩跹，线条虽是素色黑白，看在心中却全是斑斓。哇！还可以这样画蝴蝶！好惊艳！这幅画，被我和当时的小闺蜜，用好不容易找来的透明纸，覆盖住，反反复复描画了无数次，刻骨铭心地记住了这朵会飞的花。

阳台种了这么久、这么多的花，招引的来客中，颜值最高的，最配叫成“花仙子”的，非“蝴蝶”莫属。“会飞的花”并不一定恋花，某些种类喜欢臭哄哄的粪便。从春至秋甚至不算冷的冬天，谁能否认，少了蝴蝶与花草合跳的交谊舞，世界将缺失多少灵动和妩媚。

我曾被一只凤蝶打动过，双翅边缘缺刻残损严重，还在不停地振翅，拼命飞到我的四楼阳台，将虹吸式口器，稳稳地插入花朵中。蝴蝶多变的一生并不浪漫，幼虫时的模样，被城市小女生见了会尖叫嫌恶，花友们讨厌它们吃叶子，鸟儿们视其为美食。终于有一天化蝶了，又被各种鸟类追杀。暴躁的大雨点，有时也会终结它们的小性命。

凤蝶算蝴蝶家族里的大个子，有着奇特的尾突。有的尾突呈飘带状，比如丝带凤蝶，飘飞时真是充满仙气，它也常出现在小区里，可惜，一次也没有光顾过我的阳台。玉带凤蝶是常客，以黑为主色调的它，贵族般冷艳。

与霸气的凤蝶相较，灰蝶，完全是蝴蝶家族里的小家碧玉。灰蝶是阳台数量、种类最多的蝶种。出镜率最高的是点玄灰蝶、酢浆灰蝶、

一只玉带凤蝶末龄幼虫，遇危险头上会突然弹出一对腥红的臭腺角。

曲纹紫灰蝶。

曲纹紫灰蝶，亮灰蝶会偶尔莅临。这和阳台有它们的寄主酢浆草、景天科植物、楼下绿化带栽种苏铁有关。

2012年天渐冷时，在栽种着中华景天的花盆中，竟数到八十三只点玄灰蝶的宝宝！一只只小小的肉肉的绿毛虫，紧贴在中华景天的根基与泥土相连的地方，打算猫冬。其实仲夏时，曾经爆炸般密密麻麻旺盛生长的景天，眼见着一天天委顿，就猜到是谁干的好事儿了。这么多可不行，“物无善恶，过则成灾”。留下个把，静观它们的成长变化，其余喂鱼。

我养花，花草又养育另一种会飞的花，美丽再生美丽，有何不好呢，何况它们羽化成蝶后，还能为花花们授粉——对狠狠地喷药绞杀全部虫虫的花友，我经常这样为毛虫们辩护。虽然对许多花友来说，而今的园艺栽培，大量观赏花卉

图1：残翅的凤蝶。
图2：曲纹紫灰蝶。
图3：蓝灰石竹花朵上的玉带凤蝶霸气、冷艳。
图4：亮灰蝶。

图1：斐豹蛱蝶.
图2：黄钩蛱蝶.
图3：隐纹谷弄蝶.

灰蝶宝宝的诞生

交配

产卵

点玄灰蝶在金铃花叶上交配。

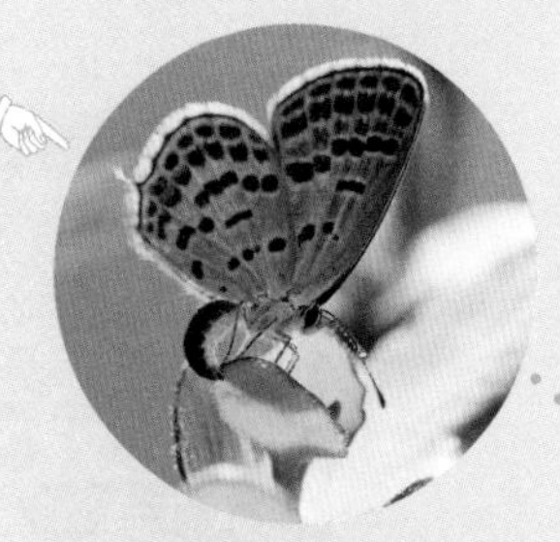

点玄灰蝶在灯笼长寿花叶上产卵。产卵时触角下垂，身体末端伸到叶背产卵，以防天敌伤害。

化蛹

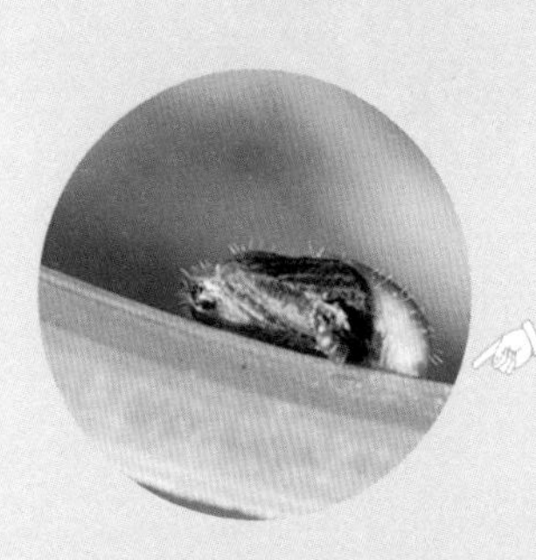

绿色的蛹随着发育渐渐变黑。

灰蝶的蛹属于缢蛹，会以一根丝将身体固定在某处。初期的蛹是绿色的。

羽化

马上羽化啦！

羽化开始，蛹壳从头顶裂开。

羽化完成，“会飞的花”诞生，等待翅膀伸展，身体晾干。

附 点玄灰蝶在阳台花园里的生活史

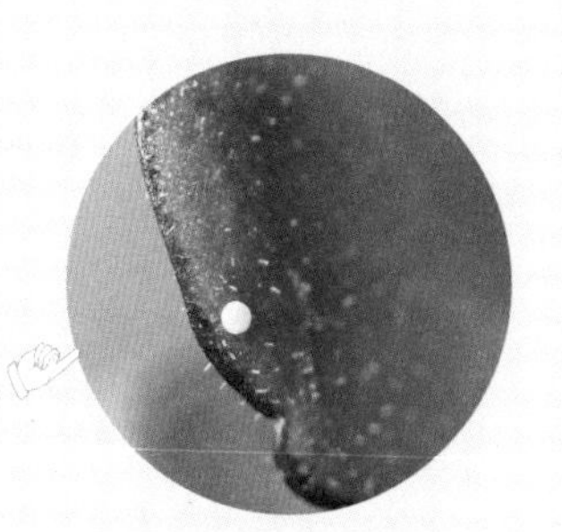

点玄灰蝶在长寿花叶背微小得不及半毫米的卵，隐约可见精致的立体凹凸纹。

孵化

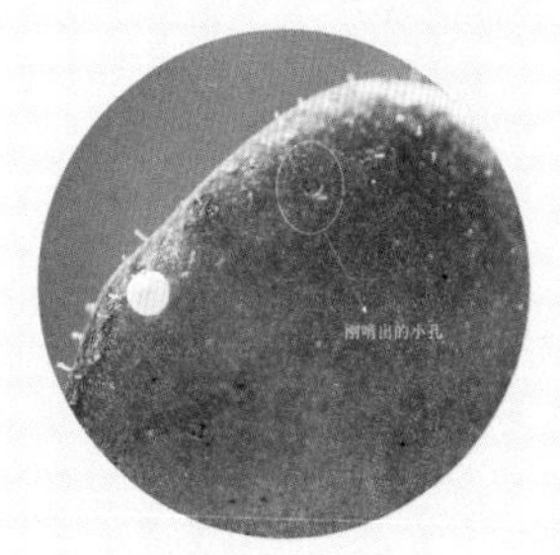

点玄灰蝶的卵经三四天时间孵化，出来一条一毫米左右的一龄幼虫，叶面啃洞钻入。

成长

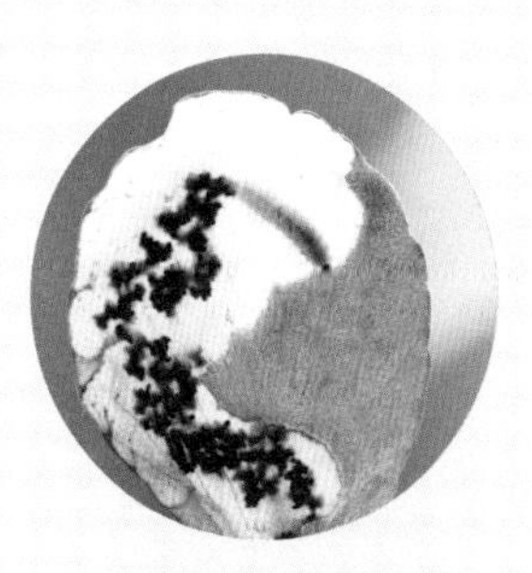

钻叶里边吃边拉，就这样。

经过数次蜕皮逐渐长大。

翅膀立起来了，但还像折扇，仍不能飞。

展翅

翅膀完全舒展，还得排泄一泡，才能轻盈起飞。

飞起来啦。

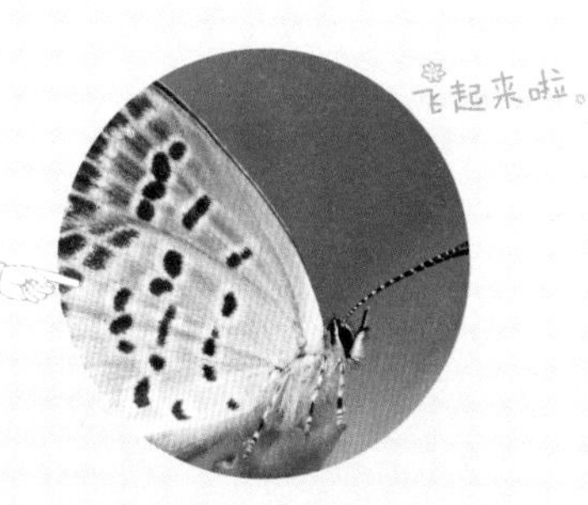

准备就绪，即将起飞！我养花，最开心的是顺带还养了这一朵朵“会飞的花”。

的授粉已并不重要。2013 年，酷夏暴热，阳台突破 50℃，灰蝶们耐受不了，绝迹了。2014 年，终于又飞来两三只，种群开始慢慢恢复。

除了叶子细小的中华景天，长寿花的叶片更是点玄灰蝶幼虫的大爱。叶面先咬一小洞，但不将整片叶咬穿，仅是钻在其内大快朵颐，餐厅厕所不分，边吃边拉。不久，整片叶子被吃成透明小口袋，只剩最外层的上表皮，装着肥胖的幼虫和大堆的屎粒儿。有一次，一只具有探索精神的小蚂蚁，发现了这处好地方，好奇钻进去，却如入迷宫急得乱转，被打扰到的灰蝶宝宝不断扭动，以示对非法入侵者的抗议。

长寿花，是外来景天科园艺植物，而点玄灰蝶却是本地物种，那它又怎么认出长寿花是自己的食物并找到它的？我对自己种的各种景天科植物，又闻又嗅，甚至舔过，暗暗叹息，我的寻找和分辨力不及灰蝶也！这么想着的时候，上帝一定也在讥笑我吧？

用了四年时间，完整偷拍灰蝶在阳台花园里的生活史——

斐豹蛱蝶、黄钩蛱蝶、菜粉蝶、宽边黄粉蝶、隐纹谷弄蝶，也是阳台频频访花的仙子们。稀客是朴喙蝶，仅现身一次。在小区周边，楼房越盖越密，会飞的花和野地一样，越来越少。已将本地开始变得稀少的蝴蝶的寄主植物，列入栽种计划，让它们对着空中，向“会飞的花”们，发出邀请的信息。

朴喙蝶：稀客是朴喙蝶，仅现身一次。在小区周边，楼房越盖越密，会飞的花和野地一样，越来越少。

我不是妖精

纱窗上的鹿蛾，它的翅膀很有特点，像开着许多小天窗，身体的色彩黄黑相间。

樟翠尺蛾

这事儿真不公平，蝴蝶与蛾，同门近亲，模样近似，一个被美化成“会飞的花”，在人类对自然的审美中占据重要地位，一个总被添加一个“妖”字——“妖蛾子”，难听死了。

多数蛾喜欢夜间活动、动作迟钝、个性木讷，难见翩翩舞姿，这些都是人类把这种数量远比蝴蝶多得多，体色和斑纹与蝴蝶同样炫目的鳞翅目昆虫贬为“妖”的归因吧。

然而明明有活跃在白天吃花蜜的蛾，阳台的常客鹿蛾便是其一。鹿蛾的翅膀很有特点，像开着许多小天窗，身体的色彩黄黑相间。我发现这一色彩组合在昆虫界很流行。

当一盆栀子花摆入阳台，将之视为寄主的咖啡透翅天蛾也随之来到了。这可是了不得的蛾，不但在大白天凭借透明双翅的高频振动，于花丛间灵活翻飞，而且有独门飞行绝技，访花时将长长的虹吸式口器探入花蕊，会在空中悬停，还会后退倒飞，瞧这本事，令蝴蝶们汗颜了吧。因体型神态酷似蜂鸟，它老被误认，是屡被新闻界八卦的昆虫。夏天我会每天仔细检查栀子花的叶子，一旦发现它微小的球形卵粒，马上采取措施，将叶片摘下，放到昆虫养殖箱里，选取老弱病残的叶片喂食，否则整株栀子花很快会被它的宝宝啃食得七零八落。如果卵的数量过多会清除掉。我毕竟想观花闻香，而咖啡透翅天蛾也有为了生存吃栀子花叶的需要，三种生命就这样出现了矛盾。我只好对那些还没孵化，就被我灭掉的咖啡透翅天蛾说声抱歉了。这不是我的矫情，真心认为，这是极有灵性的一种蛾，从未以“害虫”视之。

我确实因夜行性蛾类的诡异受过惊。那是一个月黑风高的晚上，北阳台推窗的边框总觉得与寻常不同。第二日晨，带着残存的睡意推窗时，手的触觉猛地让我一激灵，我摸到了什么？！

某种尺蛾宝宝。

软软的，毛乎乎的，条件反射地抽手查看：天啊！这么一大团灰黑的绒毛，还有一对眼睛！还是上下各有一只！是一对蛾子在交配！好硕大的蛾！真会找地方！从昨晚一直到现在都在交配吗？！连串的感叹号在脑海里冒出，然后就是小心翼翼贴近这对“恋蛾”，是丁香天蛾，那黑豆似的大眼，那眼神，配那一身灰黑毛，再加上超长时间交配的行为，太魔性了。赶快拿相机立此存照。可惜后来因误删仅存留了一张局部照片。北阳台正对着的楼下，有几棵它的寄主丁香树，这就是它的由来吧。巾夜蛾、肖毛翅夜蛾，也是大块头蛾类，喜欢静静隐藏在阳台花园植物们或花盆花架间，让我在劳作相遇时也吃惊不小。蓝目天蛾和斜纹夜蛾，是以胖墩墩的幼虫出现在阳台的。

尺蛾在阳台的种类数量遥遥领先，幼虫又叫尺蠖（huò），腹部中间没有脚，行走靠头尾两端的足，将身体收缩成

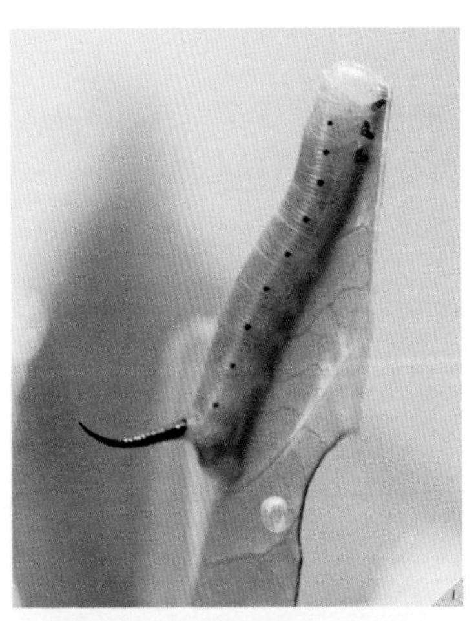

图1：栀子花叶片上咖啡透翅天蛾的卵和幼虫。

图2：刚羽化的咖啡透翅天蛾飞到客厅窗前。

“几”字形，再伸展开，依凭幼虫这种标志性的行为，我能很快将花草身上的毛毛虫判定为尺蛾科的宝宝，但具体到种属辨认难度太大，这也是昆虫的魅力，存在太多未知。

三角璃尺蛾

有张引起争议的图，是黄刺蛾爬上我手指，有朋友说，这太危险了，也会误导他人，以为它是可以随便抓来玩的，人与野生动物还是保持必要的安全距离为好。朋友的提醒很对，刺蛾的毒刺会引起皮疹，也很容易断，甚至皮肤接触到它爬过的地方留下的断刺，也会引起不良反应。

至于蛾与蝶的区分，最科学的办法是看翅脉，但这对于像我这样非专家的普通人来说太难，通常情况下还是看触角，蛾类的多是羽状或丝状，蝴蝶为顶端膨大的棒状。

容我在结尾处啰嗦一句：想想为我们人类做出巨大贡献的著名蛾类幼虫——蚕，怎么忍心把蛾妖魔化？

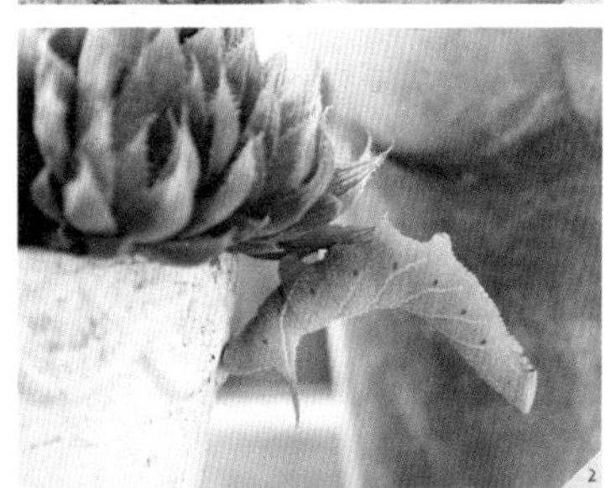

图1：斜纹夜蛾幼虫。
图2：蓝目天蛾幼虫。
图3：黄刺蛾（特别声明：图中行为危险，万勿效仿）。

图1：巾夜蛾。
图2：肖毛翅夜蛾。
图3：丁香天蛾黑豆似的眼神。
图4：奇尺蛾属的尺蛾，即可白天亦可夜间活动。

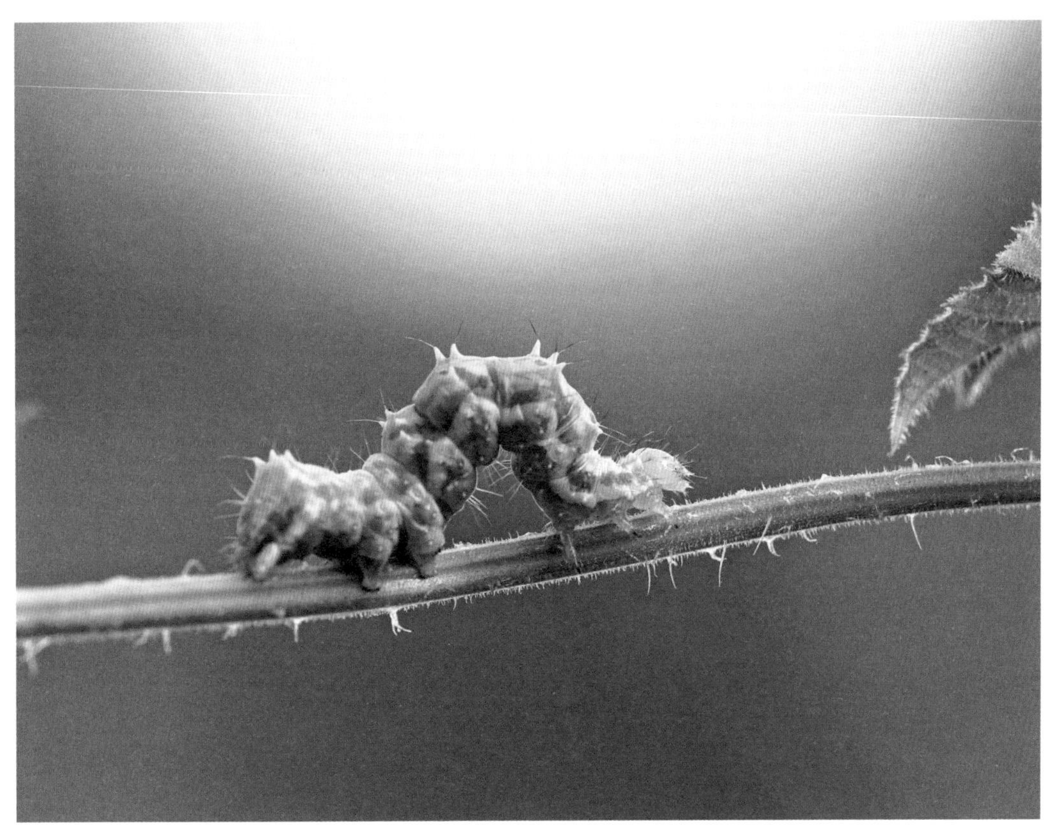

某种尺蛾宝宝.

会跑的垃圾堆

第四次看见这一小撮会跑的垃圾堆，我停下活计，让目光快速跟上，悄悄尾随，绝不再放过你，一定给前三次的问号一个交待。半个小指甲盖那么大的一小堆，乱七八糟的，纠结聚合着各种细碎微小、枯褐色不明物。第一次相遇，是在北阳台窗沿，本能地拿起抹布想清理垃圾，可就在将落未落扫向它的一瞬，垃圾居然自己知趣地挪走了；第二次，一大团蓬蓬松松的阳光，正拥抱着每一瓣鲜艳每一片翠绿，突然，一堆小垃圾无趣闯入美好画面，满目小清新突兀一枚大脏点，好败兴！第三次，一大早就撞见不止一堆垃圾小怪兽，在葫芦藤蔓上四处流窜……

一二不过三，所以这第四次遭逢，我必须当一回有孙大圣本事的奥特曼，用火眼金睛将垃圾小怪兽打回原形！

图1：童年的草蛉吃红蜘蛛.
图2：背驮垃圾的草蛉幼虫.

草蛉："我累了，喝一口"葫芦蜜汁"。

孵化后，一只刚开始驮垃圾的草蛉幼虫。可怕，垃圾竟是同类的头颅。

阳台最多的是只产一枚卵的草蛉。你看得出图1小花桶上有卵吗？图2告诉你答案。

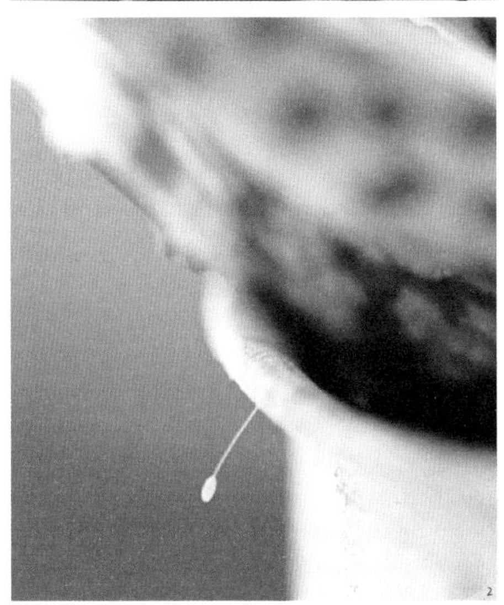

就这样，目光被拽着，忽东忽西，忽竖直爬杆，忽叶背倒立，忽遛弯……这位精力旺盛的越野高手，终于在葫芦叶上停顿下来。我拼命往垃圾下面死盯，小怪兽那獠牙似的狰狞口器，和数条腿，轮廓一点一点出现了。这才恍悟，那会跑的垃圾堆，是一只怪虫子将枯枝败叶、吃完的动物残壳等等秽物别在背后鬃毛上，好狡猾的丛林伪装！

再后来，偶遇一只红陶花盆上不背垃圾裸体的它，赤条条看清全貌了，也弄明白了，原来这是草蛉的童年时代！浅淡的体色上有深褐色的斑斑点点，模样丑丑的，长得和父母一点不像，它也有个和父母不同的俗名：蚜狮。

从春到夏，经常在叶、茎、花瓣、花盆甚至晒衣架等处出现奇异的草蛉卵：缩微橄榄球似的，被一根极细的丝柄挑成空中楼阁。有人风雅地称草蛉卵为“优昙花”，以一种花名来喻一种昆虫卵，大约这是独一份吧？

卵有两种，一种数量众多，卵约一公分左右，疑似大草蛉的；一种是孤单一只，卵极小，仅一毫米左右，疑似丽草蛉的。在白肋朱顶红叶背出现过疑似大草蛉的卵，起初，扎堆的卵是嫩绿的，随着生长发育缓缓转黑。孵化而出的那一刻，倒抽一口冷气：先出来的，竟争先恐后，爬到尚未孵化的弟弟妹妹身上。不一会儿，这些弟妹们只剩干瘪的皮囊，成了哥哥姐姐首顿美食。草蛉的卵，绝对可候选昆虫界创意奖，独到的丝柄结构，是为防止卵宝宝们被祸害，将它们安置到细丝高处。哪想到却架不住同胞相残？但一转念又理解了它们。老大吃老二，也是优胜劣汰的生存不得已。

个性强势，天生吃货的蚜狮，绝对是花草们的好巡警，脚不停歇地围绕植物周身四处出击，所经之处，蚜虫、介壳虫、红蜘蛛一扫光。草蛉因之

图1：扎堆在白肋朱顶红叶背上，疑似大草蛉的卵。
图2：由绿变灰黑，草蛉宝宝们要孵化啦！
图3：刚出生就自相残杀。

在食虫植物瓶子草叶上可太危险了噢！是不是因为喜欢吃捕虫囊蜜腺分泌的蜜汁呢？

成为植物病害生物防治的骁勇干将。我有一位花友，每见花园有蚜虫，必在周边野地搬来草蛉幼虫当救兵，从不使用药物。虫大十八变。当幼虫化为安安静静的蛹，再羽化出的成虫，有着亮而圆的大眼睛，纤细的小身材，通体翠绿，透明如薄纱的大翅膀。垃圾小怪兽，出落成清秀小仙子。当天气转凉，为与环境呼应，体色由绿又换成淡淡的咖啡色。成年的草蛉，性情斯文了，饭量减少了，甚至有些草蛉改了口味，不再贪荤食而是钟情于花蜜。

噢，对了，草蛉还有一个让你皱眉头的小秘密：一旦遇袭，会放臭臭的“屁”！

图1：背上明显有一具尸体。

图2：这只在太阳花的茎上不断做下腰的动作，原来是摘取叶腋处的长柔毛放背上。背上还有蚧壳虫的遗骸。

图3：偶遇这只不背垃圾的裸体蚜狮，疑似大草蛉的宝宝。

图4：这一只，在冬天的花盆里，已走完自己多变的一生。

草蛉成虫真如其名，体色青草般翠绿。

野草总动员之一

下雪了！

转凉的天气，直到这一场白色的覆盖，才感觉，一年的时光走到了煞尾的季节。生灵世界，该睡的睡了，美色收敛了，多数盆花入室了，阳台的无框窗封闭了。

阳台护栏矮墙外侧安装的户外花架上，仍丢弃着个把花盆。一丛绿，从盆中雪下透出，活泼泼，嫩俏俏，在满目枯败的季节简直奢侈，像在说："这点寒，那都不是事儿！"这可不是我栽培的，是哪一场风或哪一只鸟的无心播种吧。它被人类归入一个充满不屑的统称：野草。在江苏南部，从田野到城市，它太寻常，花柄挺举着一朵弱小得根本都看不出是花的小花，仅见花萼片与花蕊，朴素到连花瓣都退化省略了，所以它叫无瓣繁缕。除了小鸟会来啄食，没人稀罕这玩意儿。无瓣繁缕生活的空间是一只曾用以育苗的"小黑方"，盆中废土的养分早被前任榨干，悄然落户的它，从没资格与园艺植物中的显贵们争艳斗美，从未入得园艺爱好者眼中，但当我将这盆小黑方套入粗陶盆，不用整容修饰，冬日小清新，美景天成。早有江苏的学者研究指出，无瓣繁缕因种子易发芽、极耐踩踏、四季常绿，可作为资源植物引入城市绿化，补充冬季缺绿的草坪。

与无瓣繁缕同为石竹科繁缕属的还有中国繁缕。这位萌发在球根们休眠的盆中，见我无意清剿，渐渐茂密生长成为盆内主角，纤长枝条荡垂而下，在并没有阳光直达的地方，仅靠散光竟也开出精致的小白花，被细长的花梗挑着，很仙。五枚花瓣尖细纤长，因为有深裂，所以

中国繁缕气质仙。这位萌发在球根们休眠的盆中，在并没有阳光直达的地方，仅靠散光竟也开出精致的小白花。

雪下透绿的无瓣繁缕。花柄挺举着一朵弱小得根本都看不出是花的小花，仅见花萼片与花蕊，朴素到连花瓣都退化省略了，所以它叫无瓣繁缕。

看去像有十枚花瓣。中国繁缕主要分布在离我生活的城市有一定距离的郊县山区，那是如何登陆我阳台的？估计是我常行于山间野径，不经意的携带传播？缘份呢！

繁缕属的繁缕，那就太熟悉了。中国的野地，除了个别地区，春天到处可见它的小白花，它在我的花盆里冒头，绝对是大概率的事。中国繁缕与繁缕小花朵酷似，区别要细看：前者花柱三枚、雄蕊十枚，后者花柱三枚、雄蕊三到五枚。家母曾指着花盆里的繁缕对我说，幼年常吃它的嫩头。它和明代朱橚（sù）撰写的《救荒本草》里的“鹅儿肠”，即“牛繁缕”，都算是野地食材，民间对这二位都有“鹅肠菜”的叫法，也都是中药材。只是同样常见的牛繁缕，暂时还没在花盆里现身。

繁缕属的说完了，花盆里石竹科家族的小白花还没聊完。蚤缀，无心菜属，别名就叫“无心菜”。它和前面提到的中国繁缕一样，在家周边我从没见过野生的它，怎么又跑我花盆里了？估计原因也和盆中的中国繁缕一样吧。

从花盆里乱窜而出的石竹科漆姑草属的漆姑草小白花，配合它针状的小叶片，耐看，自带微型盆景气质，当盆花铺面小植物也非常合适。住家小区里的停车场缝隙里，漆姑草特别多，汽车的碾压对植株微小的它们构不成任何威胁，只要春风吹拂，就会泛起漆姑草毛茸茸的一层绿，星星点点的白花照开不误，就是这么强悍。

身为花痴，盆中要晒要秀的可远不止石竹科家的野货，且听下回分解。

图1：漆姑草微型小盆景，从花盆里乱窜而出的石竹科漆姑草属的漆姑草小白花，配合它针状的小叶片，耐看，自带微型盆景气质，当盆花铺面小植物也非常合适。

图2：漆姑草与其他小型草本的组合栽培。

中国繁缕气质仙.

野草总动员之二

上回说到盆中石竹科的野草，为其余的野草们来个小小的排名如何？

最倔强的酢浆草：倔头倔脑四处萌发，我经常放任它们长成一片。花若小星星，明黄，亮堂堂，五个小瓣儿开得一点不含糊，在怒放的园艺大花朵们身边，开得一点不自卑。

最佳配角卷叶湿地藓：集体主义者，密密麻麻如头顶毛发，也似缩微小草原。无花无根，籍假根稳住低微的单薄小身体。潮湿的盆土，很容易被它慢慢涂抹出绿色小斑块儿。

最坚韧的鸭跖草：浇花时，脚步突然被一抹低处的蓝绊住，蹲身扒开装废土的塑料袋，哇！一个月了，这堆打算扔掉的土，没浇过水，竟长出一株鸭跖草，幽幽绽出一朵蓝花！正配这句日本俳句：一朵深渊色。

最佳美味：对中国人而言，野草中，最知名的“菜”，非荠菜莫属。“城中桃李愁风雨，春在溪头荠菜花”，是幼年开蒙最先记住的古诗之一。每年早春，花盆里荠菜的小白花是第一批绽放的野花，摘下叶片，与乡下亲人送的土鸡蛋配合煮汤，饭桌溢满乡野之香。

最懂事的通泉草：似乎知道自己野生的身份，通泉草

卷叶湿地藓烘托出天竺葵的妩媚。

这个角度看婆婆纳小花，像扎入叶丛翘着双腿的精灵。

长得知趣，小心翼翼，不会生猛地抢地盘占位置，速生成一片。总状花序，开一朵花，个子拔高一点。淡紫色调的小花，像吐着长舌头，其上点缀着黄色斑点。

最幽默的马齿苋：肉叶子、小黄花，野草中的小萝莉，我拍过两张逗趣的图片，是它的种子掉落的样子，像一勺子芝麻，像一只大烟斗……哈哈！

野草太多太多，还有阿拉伯婆婆纳、萹蓄、藜、小叶冷水花等等，都是盆中常客，都有道不完的小故事。

花盆里的野生植物，不光有草，有些木本的树，也会突

图1：小鸟拉屎播种的香樟.
图2：萹蓄.
图3：藜.
图4：塑料袋废土里长出鸭跖草，竟也开花了，一朵深渊色.

图1：卷叶湿地藓特写。

图2：每年早春，花盆里荠菜的小白花是第一批绽放的野花，摘下叶片，与乡下亲人送的土鸡蛋配合煮汤，饭桌溢满乡野之香。

图3：通泉草。似乎知道自己野生的身份，通泉草长得知趣，小心翼翼，不会生猛地抢地盘占位置，速生成一片。

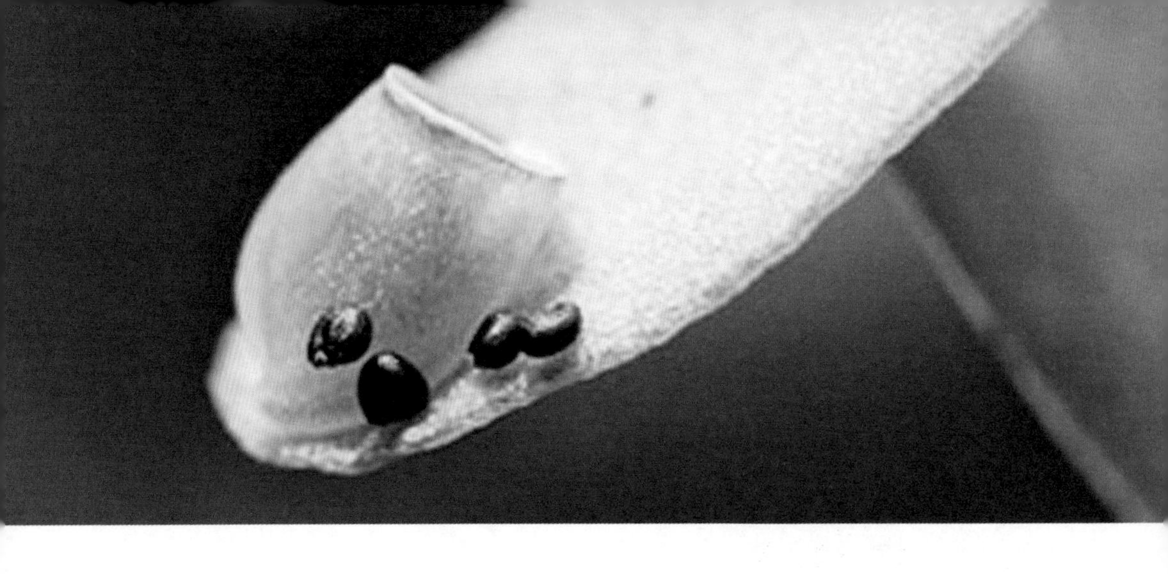

马齿苋种子掉落的样子很逗。

兀窜出。数量最多的是香樟树苗，小鸟在花盆里拉屎播的种。树苗们多数移栽到乡下亲戚家的房前屋后了。最著名的是一盆龙血景天花盆里的栾树苗，移到乡下第二年，再相见，数米的壮硕身躯让我目瞪口呆！

想想，被精心服侍的园艺花草们，不都是曾经的荒原野草？野草的绿也是绿，它开的花，也是花，在我眼中，美无贵贱。野性的植物们珍视每一撮尘土给予的生存机会，不娇气，不造作，随时发起总动员，往往在花盆中逆袭成功，任性而生。虽然，也会经常清除过于反客为主、夺取养分的它们，但与许多花友不同，我像对待园艺植物一样欣赏它们，努力了解它们。

常有朋友叹气养花难，是植物杀手，种啥死啥，我回答以歪论：养花，先从养野草开始。把一盆土放在有光有雨的地方，不用管，绿草鲜花来得自然而然。难吗？

饰草

某日，友至。热情迎入阳台。友人四下环顾，落目一盆“杂芜”，皱眉道：“你竟种这个？”

她不晓得,讲求道法自然的中国古人,早有“饰草”一说。译成最通俗的现代语言，即可做成小盆景的野草。

除了盆中自发生长的野生植物，用野采的种子培育成可赏的绿植，也是我莳弄花草的重要内容。种子绝大多数来自本土野地。第一种培植成功的是剪春罗。与它最初艳遇在常州溧阳山区深处，当时山花多已开至荼蘼，剪春罗独秀于山，果如宋代赵蕃所言：“茂草之中独剪春罗花炯然”。花橘色，五片花瓣平展，边缘细碎仿如剪裁。花形花色，颇有气场，激情、高调，炫目而不艳俗。获得的野种成功发芽后，以普通花土种植，未施过肥，移盆后两个月，在梅雨季破绽第一朵花，瞬间夏日阳台的颜值提升到新高度。

马兜铃降落伞般的种子在野外找到时，我似乎都同步看到它招来的凤蝶了。不过，专为凤蝶而种的它，花其实也是可赏的，臭臭竟问这是不是猪笼草的花，我哭笑不得之余，也不得不承认，马兜铃的花儿造型确实挺奇葩。

我欠紫花前胡一个道歉，因嘀咕过一句“紫花前胡的花不好看”。在江南山间第一次见识到这种中药的真容时，高高的伞房花序的紫色

图1：怒放。五片花瓣平展，边缘细碎仿如剪裁。花形花色，颇有气场，激情、高调，炫目而不艳俗。
图2：点玄灰蝶造访。

剪春罗发芽。第一种培植成功的是剪春罗。与它最初艳遇在常州溧阳山区深处，当时山花多已开至荼蘼，剪春罗独秀于山。

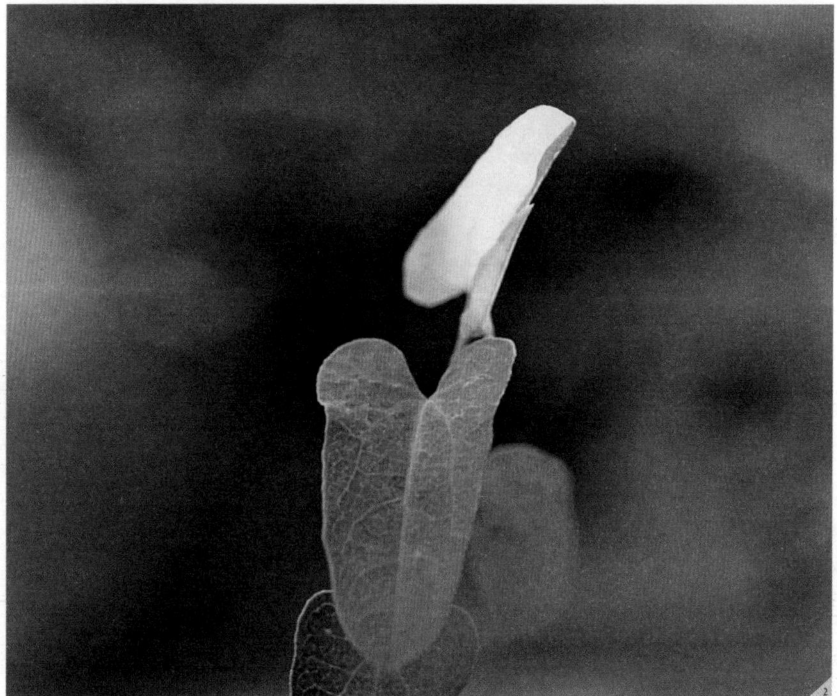

图1：我盆栽的马兜铃开的花比野外的小，营养不足所至。
图2：用野种繁殖的马兜铃。

花挺立在竹林小道两侧，因环境光线的阴暗，并没有惊艳到我，是独特的紫色叶鞘吸睛，让我采了种子带回家。当紫色烟花般的大团花朵，高高地挺立于夏日阳台，它独具的高贵的野性美，秒杀同期阳台的园艺花花们。当鲜切花插瓶，或庭院营造花境，它都会出彩。

草珠子，本地叫“念佛珠珠”。作为薏苡原变种的坚果，文玩中的一种菩提子，在今天的苏南野地，已经式微并不好找。童年时经常故意使劲撩动草珠帘子，就为听哗啦啦珠子碰珠子那种清亮脆响，是大爱的天然植物打击乐器。它的发芽纯属意外，是不小心将采得的种子掉盆土里了。草珠子植株高大又结籽多，土要肥，一只大盆只能种一株，否则营养供不上。

藤本植物中，女萎的发芽率颇高。野生于苏南山区的毛茛科铁线莲属的女萎，作为中药，在铁线莲家族的群芳谱中，它的白花被认为无甚观赏性。但我珍爱它，特别是花盆中有一株苗第一片真叶就出现芽变，叶上有斑锦。

野采种子亦有道，以不影响其在原生地的生息繁衍为度。绝不在野外挖根、采花，这一点必须格外强调，不能以

图1：紫花前胡发芽。
图2：紫花前胡开花，吸引许多蜂来采蜜。
图3：用紫花前胡的花插瓶，日久而成的干花同样有味道。

一己观赏之私，去破坏生态。每在山野见到被盆景爱好者刨挖树根留下的深坑，总是揪心不已，本地许多山道旁的老鸦柿已全部挖绝，令人痛心。我自己用采得的老鸦柿种子，育出几株苗。老鸦柿为雌雄异株，雌株方可做盆景以赏果，但花友告诉我，用种子育出的雄株为多，无所谓，我看重的是陪其始于种子的成长。

山上修建寺庙的挖掘机下的一节石韦断根，捡回家，成就了我盆栽观叶植物里最特别的钟爱。极有灵性的蕨类，根状茎有鳞片，蛇一般游走。仅靠少量土和树皮，一年后，这盆油绿的石韦，已是阳台蕨类的当家名角儿。在所有种过的蕨类里，它是唯一可全年露养的，夏天放北侧窗外不暴晒勤浇水即可。来自本地山野，就这么皮实。

图1：草珠子意外发芽。
图2：小辫子般的花。

目前已经用本土植物的野生种子育苗二十余种，还有些种子发芽困难，正攻克中。我常想，园艺造景，若能充分开发本土那些给点雨水就蓬勃、给点阳光就灿烂的野生植物，借鉴野生生境的群落搭配，既因其本土适生、管护粗放，使成本更低，又因本土物种的保育维护了生态多样性，何乐而不为？

图1：女萎在花盆中刚长一年的样子。
图2：叶有斑锦的女萎，它的白花被认为无甚观赏性，但我珍爱它，特别是花盆中有一株苗的第一片真叶就出现芽变，叶上有斑锦。
图3、4、5：老鸦柿苗雌雄莫辨，我更看重的是陪其始于种子的成长。

一滴水

图1：梅雨季时，耧斗菜叶片边缘的吐水现象。
图2：夏雨中的圆椎绣球花，水滴倒映着灰色楼群。

江南多雨。空气里终年有潮润的气息。

谁能离得了水？我和花草们，都太需要这份滋养了。所以，我的阳台安装了无框窗，除了冬天两三个月拉合封闭，其余的大部分时间，它们彻底打开，任阳光雨露无障碍地穿入。

英语里，管倾盆大雨叫“天降猫狗”，我们汉语里，对细雨优美的写法是“像牛毛，像花针”。家里有几只存储浇花水的大桶，一到雨天，它们便张着大嘴，接受上天恩赐的“阿猫阿狗、牛毛花针”。

相比宏观的降雨场面，我更喜欢微观一滴水。

有雨的时候，我的花草也总是尽量往阳台最外侧搬。它们充分享受雨水浇淋的时候，我也端详着还原为一滴水的雨。雨急时，一滴击打另一滴，形成珍珠串。小雨或是雨停了，水滴宁静下来，凝在阳台的花、叶、枝上，一眼望去，“钻石”到处撒落，晶莹剔透。大千世界颠倒其中，光怪陆离，灰色的楼群都有了风情。

雨后，西下的逆光斜射在照波金黄的小花上，让小小的一丛植物，有了神圣感。发现一粒奇怪的水滴，中间似乎有

春雨中的葫芦藓。

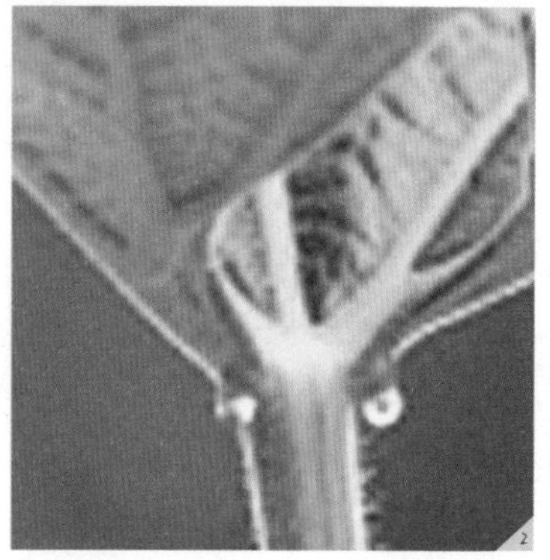

图1：紫花前胡叶片边缘吐水的水珠蒸发后，留下白色痕迹。
图2：葫芦叶下那对水珠可不是"吐水"，而是"花外蜜腺"的分泌物。
图3：花瓣上的小小"虫珀"。

一枚极小的点，啊，竟是一只小虫！真像琥珀中的虫珀！

许多景天科多肉植物叶上有白粉，相当于"隔离霜"，防止叶片受损。一滴雨水若溅到这样的叶上，很快就被白粉裹成"糯米团"，然后渐渐干瘪成片状的"饼"，这样水滴就对肉肉的叶片构不成伤害了。

当一滴又一滴雨水，渗入盆土，土壤的颜色因为湿润而变深，爱花如命的我，想象着那些扎在花盆黑暗的深处，我永远见不着的根，正欢天喜地、大口大口喝着"琼浆"，开心。而那些落在花盆外的一滴滴雨水，常会招来昆虫美滋滋吸取。

融化的一滴雪水，将无瓣繁缕的闭花和楼房倒影一并包裹。

两只"吹泡泡"的蝇。

一次雨后，花盆边，一只小怪物惊到我，它怎么满身是别扭的大“瘤子”？凑近瞧，是一只瓢虫粘满一粒粒水滴！这让我对甲虫的鞘翅更好奇，它们不但以坚硬保护躯体，有艺术的花色、炫目的金属光，表面的蜡质还可以疏水。

夏日多雨季，可以看见许多花草叶片边缘的水孔会吐出一滴一滴的水，像叶片镶了一圈宝石，这叫“吐水”，又叫“滴泌现象”。植物体内无法蒸腾的多余水份吐出来才痛快。我留意过紫花前胡叶片边缘的吐水水珠蒸发后，会出现一层淡淡的白色物质，不知会不会是吐水水分里所含的无机盐呢？在《葫芦娃的故事》一文中，提到葫芦叶下有一种疣突状的腺体，这是“花外蜜腺”，分

图1：左图为特玉莲叶片上的白粉把一滴雨水裹成“糯米团”。
图2：“糯米团”已干瘪成“饼”。

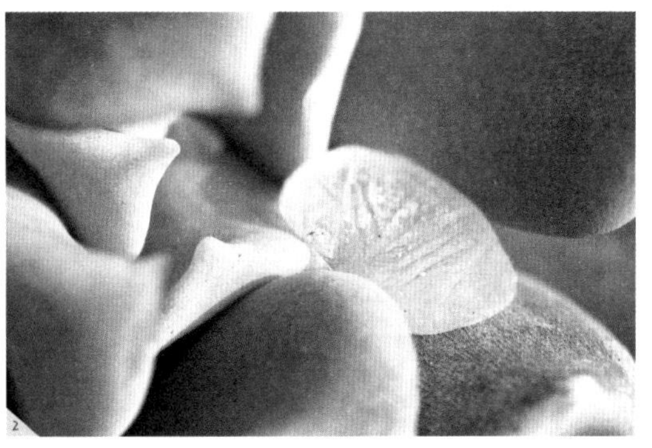

图1：美滋滋地吸取一滴雨水。
图2：粘满水滴的瓢虫。

泌的小水珠甜蜜蜜，当然是许多昆虫的大爱，原来并不是花儿才会分泌出“蜜”！

阳台花草间为啥总看见蝇或是草蛉吹泡泡？！一滴水从它们舐吸式的口器中慢慢吐出，又慢慢吸回去……如此反反复复。对这一现象，专家们有多种推测：通过“吹泡泡”，可以把它们吃到的固体食物，弄得软乎乎的方便消化；把含水量过高的食物，吐出来蒸发一部分水分再重新吸入，而后再吐出蒸发再吸入……留存到最后的便是真正身体需要的营养物质；利用吐水泡蒸发水分来降温；用反复吸吐水泡来清洁口器。到底哪一种说法更接近真相？这是阳台来客留给我的一道题。

撑起小花伞

在汗多雨多的夏季，一把一把精致袖珍的鲜黄小伞，和童话里的一模一样，从绣球花的盆底孔、侧孔撑起来，把丑陋的黑盆点亮了。

正要换掉这只难看的盆，突如奇来的小花伞们，留住了它。蹑手蹑脚靠近，转来转去端详，这一团一团的鲜艳，扎扎实实从土中冒出。轻轻在心中叹道，太玄幻了！掐掐自己，痛，一切都是真的。

我知道，严肃地说，它们属于“大型真菌”。若我再告诉你这把小黄伞严肃的中文名，你会乐：纯黄白鬼伞。神出鬼没的鬼马精灵用的伞，有意思不？这花儿一般的伞一旦撑开，将此消彼长地出没在整个夏天。

过了一个月，在淋漓不止的雨水中，另一只花盆底孔里，撑起另一种款式的鬼伞。长长的雪白伞柄，有一段像喷了墨，伞的皱褶，极像黑白相间的琴键，结合伞的造型看，又像一条时尚的黑白条纹裙。疑似白绒鬼伞。

又过了一年，我捡来一方小木块，打算垫花盆，营造高低错落的微观景致。突然有天，在耀眼阳光下，一层厚厚的金毛，在木块身上熠

图1：从花盆底孔侧孔撑出的纯黄白鬼伞。神出鬼没的鬼马精灵用的伞，有意思不？这花儿一般的伞一旦撑开，将此消彼长地出没在整个夏天。
图2：低调长盆边上，疑似某种小皮伞。我一直觉得这个家族的伞，不像皮制的，倒像今天人们已经很少使用的油纸伞。

小木块上疑似的辐毛鬼伞像不像小耳朵？

熠闪动，视幻？错觉？想起传统神话里，平凡物件，被日月光华照耀，日久会修炼成精。顿时，小木块有了仙气，一直没舍得把花盆放上面。这一来，金毛肆无忌惮，终于在最阴湿的日子里，木块上挺出一株一寸高的“金树”！令人脑洞大开的金毛和金树，从此荣登阳台神秘来客的榜首。多方查找资料和求教，极大的可能是，“金毛”为菌丝束，而“金树”是这堆菌丝束形成的菌索。这些菌丝束、菌索，会在条件合适的时候，发育出一枚小巧的辐毛鬼伞（疑似），像木块长出小耳朵，但这只是推测噢。

翠芦莉的花盆里，有过一把挺大的白色伞，伞面撑得平平的，不知是不是某种白鬼伞？在喜阴湿的虎耳草花盆里，曾有一把褐色小伞，谨小慎微地撑起在花盆最边上，疑似某种小皮伞。小皮伞，也是菌类大家族，我一直觉得这个家族的伞，不像皮制的，倒像今天人们已经很少使用的油纸伞。某种小脆柄菇属的菌就不

图1：疑似菌丝束。
图2：疑似菌索。
图3、4：阳台除了大型真菌，我的微距镜头还拍到两种不知名黏菌。

某种盘菌，真的挺像盘子。

图1：爬向菌类开吃的蛞蝓。

图2、3：你们都叫什么？还有更多的小花伞，实在对不上号。

低调，在绣球花的中间热热闹闹密集生出一大片，张扬得很。最有趣的是一种黄黄的盘菌，名副其实，特别形象，我猜是地精们用来吃饭的容器吧？

有一种像被大风吹翻伞面的伞，连续多年在夏秋的花盆里出现，就是不知它是菌类谁家的。还有更多的小花伞，实在对不上号，叫不出名。

菌类，不是植物，不是动物，谜一样的存在。常常看不见它慢慢从小变大的成长过程，就那么冷不丁地撑出一把伞，还是冷不丁地，以极快的速度，消失得无迹可寻，像根本没来过。我的阳台为啥有那么多野生菌？可能和我喜欢用松树皮、木屑拌在土里种花有关吧？感谢它们，还有江南从春到秋潮湿的天气，一并帮我造就了阳台小花伞的童话世界。

阳台的菌类有个大克星，就是常被叫成鼻涕虫的蛞蝓，菌类相对于它来说，可谓百毒不侵。在此特别声明，野生菌，包括家中花盆里的，千万别贪嘴。普通人很难辨识它们是否可食用。许多菌类看去与我们常见的食用菌极为酷似，实则毒性巨大，且无解药。至于“色艳者有毒，反之无毒”纯属无稽之谈。人类可没有鼻涕虫的本事！

图1：不知名的小花伞。
图2：有一种像被大风吹翻伞面的伞，连续多年在夏秋的花盆里出现，就是不知它是菌类谁家的。

水陆两栖的小飞机

嘘！轻点，阳台屋顶，吊着一只蜻蜓，还在酣睡。我暂时不给花儿喷水了，怕些微的声响会吵到它，或者某一滴水珠溅到它身上，把它惊飞。

阳台屋顶最外边那一块，粗糙，凹凸不平，正好适合它六脚勾住。脚尖那么一点点的接触面，就足以承受住整个身躯的重量，真真佩服，虽然我知它轻盈无比。所以，别老觉得咱站在生命进化的顶端吧！各有各的能耐，从蜻蜓的角度看，不知它会怎样吐槽人类。

此时还没到清晨五点，透过叶片缝隙看，它只是一只虚虚的剪影。太高，实在无法看清，就这样不清不楚，还没弄明白这位夜宿来客是哪位，它就趁着我吃早饭，悄悄飞离。

我推测过它的名字，不是某蜓，就是某种大蜻，通常是蜻蜓家族里身材壮硕的类型。

葫芦藤中迎来过一只躲雨的碧伟蜓，和这枚剪影近似。碧伟蜓，以碧绿为全身主色调，江南夏天很多，但你未见得看清过它们，因为在晴天的白昼，它们几乎不落地一直飞。

对外形俊秀、实则彪悍的小飞机般的蜻蜓们，我的阳台是不错的停机场。虽然在本土户外，从四月一直到十一月，都可以看见蜻蜓的身影，但阳台出现的时令仅在盛夏。数量之最是黄蜻，目击概率百分百。七八月间的藤、茎、装饰花插上，

图1：日本黄蟌雄性。雄性的翠胸黄蟌明显比雌性好看，通体红艳艳。

图2：日本黄蟌雌性。雌雄皆体型纤小，肚腹瘦长若棒，停栖时，双翅收拢挺立于背。

刚在碗莲盆羽化的豆娘，具体是哪种“蟌”此时的体色很难看出。（特别说明：这是从家边建筑工地将填埋的水洼里，捞取的水虿羽化的，在四楼上的碗莲盆里，并没有蜻蜓或豆娘来产卵。）

黄蜻停栖在小鸟花插上。

冷不丁就瞅见一架安安静静四翅平展的“黄飞机”，瞪着一对大大的复眼。黄蜻在蜻蜓家族里姿色平平，虽常见，但它们有个习性在蜻蜓中不常见：会扎堆像候鸟一样长途迁飞。

蜻蜓和蝴蝶一样，都是被人类文艺化的昆虫。二者的宝宝同样被许多人害怕。蜻蜓还没羽化前的稚虫叫水虿（chài），生活在水里，很凶，攻击性强。长时间静止的水虿，捕食并不主动，当猎物们丧失戒备，游到离它很近时，它会闪电出击，稳准狠地将其猎获。蜻蜓成虫凶性不改，人类对它的喜爱，除了审美的原因，不知是否和它也吃祸害庄稼的小昆虫还有蚊蝇有关？不过，我亲眼看见大团扇春蜓在麦田里抓了一只蜜蜂当大餐，它只管吃饱喝足谋生存，才不管食材对人类的害益呢。

还有一款童年生活在水中，成年登陆的俏丽“小飞机”，俗称“豆娘”，即各种“蟌”。周边公园绿化带和野地有那么多种类，阳台却永远就飞来一种：日本黄蟌 (cōng)。雄性的日本黄蟌明显比雌性好看，通体红艳艳。雌雄皆体型纤小，肚腹瘦长若棒，停栖时，双翅收拢挺立于背。

童年始于水成年栖于草木

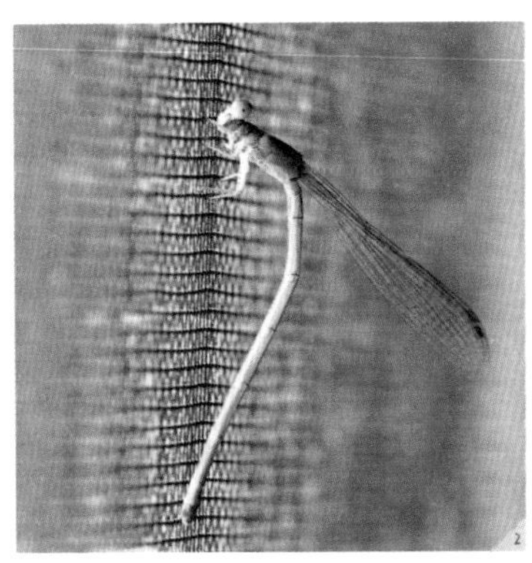

图 1：铁线莲藤蔓上的黄蜻.
图 2：纱窗也是豆娘爱落脚处.
图 3：吊阳台屋顶酣睡中的蜻蜓.

葫芦藤中迎来过一只躲雨的碧伟蜓，以碧绿为全身主色调。

的，怎能不提阳台花园里的蚊子、蛾蠓（měng）、蜉蝣（fú yóu）。可别一提蚊子就呲牙咧嘴地摇头，阳台的雌性伊蚊确实吸人血有传播疾病之恶，但人类打针那种注射器和它精巧讲究的口器比，简直弱爆，已有科学家向其取经，研发出一种无痛注射器。花草叶上常静静歇栖着的摇蚊，它的口器退化已不能进食，生活在水中的幼虫就是人类喜欢喂鱼的“红虫”。阳台还有腿极细长的一种大蚊，貌似吓人，其实它和摇蚊一样，成虫都不吃东西，而幼虫被我发现生活在潮湿的盆土泥巴里，并非水栖。和大蚊同样，还有因体小且黑被花友叫成“小黑飞”的眼蕈蚊，幼虫也生活在腐殖质丰富的花盆土中，这二位其实不能添列在水陆两栖的客人名单中。蛾蠓挺喜欢人类的生活环境，下水道是幼虫大爱，成虫会传染疾病，因而被人类添加在“卫生害虫”的黑名单。蜉蝣，古老而形象独特的可爱物种，长长的尾丝，大大的翅膀，仙气飘飘，从水中羽化来到陆地后，极短命，古人感慨系之创造了“朝生暮死”的成语。作为现代人的我，感慨的却是因为它对水质要求极高，已很难在城市找到适生的水域。蜉蝣早就进入阳台稀客名单了。

图1：浇水桶里的蛾蠓幼虫。
图2：花盆土面的蛾蠓成虫。
图3：蜉蝣，古老而形象独特的可爱物种，长长的尾丝，大大的翅膀，仙气飘飘，从水中羽化来到陆地后，极短命。
图4：摇蚊。

附 闪蓝丽大蜻 羽化过程

家边的野塘因地块开发将被竭泽硬化，填埋时我将许多水虿捞起救出，放归邻近小河，留取两只，分别是蜻蜓稚虫、豆娘稚虫（羽化图见 p77），带回阳台观察羽化。

用目光为生灵“接生”。

羽化开始

9：45 准备羽化。

10：38 羽化开始。

羽化过程

10:50 羽化进行中。

11：25 羽化结束。

14：36 经晾翅、身体硬化，体色渐深。

17：10 即将飞离。

大迁徙

一列长长的队伍出现在阳台。是一群小个子毛蚁正在搬家。

微小的蚂蚁种类，动不动就在路上看见它们。一个个小麻点大堆大堆聚众，常常排成没头没尾的一列纵队，没完没了地行进成移动的线。不知每天有多少只这样的小蚂蚁葬身城市的车轮和脚下。

一种很像人类社会的小生命群体，数不清个体，永远隐忍地劳作着。小而多的活物，我都会看着看着，心中生畏，不是因为密集恐怖症，是因为卑小事物形成规模后，拥有的神力造成的震撼。

这一列阳台的毛蚁队伍，分明和刚结束的大雨有关。追溯到起点，是一只花盆侧面排水的小洞。有毛蚁正从此处源源不断往外逃。这只阳台最大的长方形花盆，厚重的土壤中，除了花草们的根，竟还定居着这样的超级家族。

部队蜿蜒，全部是家族里小小的工蚁在干活。几乎每只都怀抱“家当”，小米粒似的。从小就好奇，蚂蚁搬家到底搬的啥？

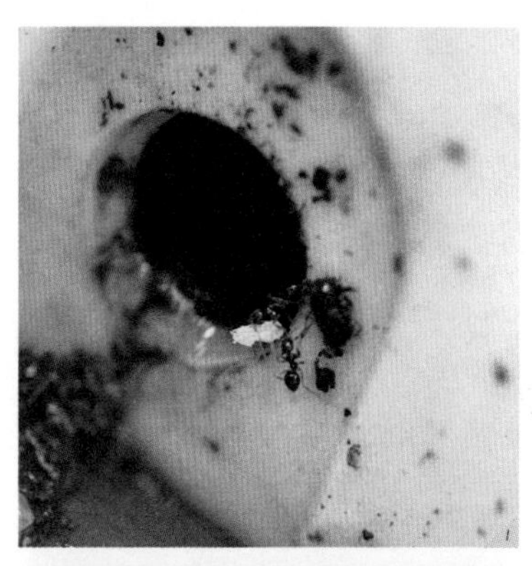

图1：排水孔正有毛蚁爬出，开始大迁徙。
图2：这队毛蚁迁徙的终点是阳台另一端种菜的高大泡沫盒。祝贺这只小小的工蚁成功抵达新居！
图3：无奈的事故。

迁徙途中带着宝宝[illegible]部队蚂蚁，全部是家族里小小的工蚁在干活，几乎每只都怀抱“宝宝”[illegible]

竟然白色“小米粒”是宝宝们，有还没孵化的卵，形似蚕茧，白色透明，也有蛹，还有即将长成的工蚁和兵蚁，头和四肢的雏型已清晰可见。如果是快化蛹的兵蚁，那得由几只工蚁合力托运了。兵蚁在家族中数量不多，大个子，成年后，是蚂蚁家族里的壮汉和士兵，保家卫国全仗它们。蚂蚁“抱”宝宝，用的是口器和前肢。我的父母曾说：搬一次家像被打一次劫。这话也适合蚂蚁。这不事故出现了：挺平坦的道路不知咋回事，就摔了一只卵，有黏液流出，看来没救了。但边上一只可怜而敬业的工蚁，几次三番非要重新抱起它，最后发觉全然徒劳，仍久久不离开，无助地站在破卵边，不知是在为自己的失误忏悔，还是在为宝宝默哀？

阳台还遇到过另一队由大头蚁组成的迁徙队伍，别看这名字中带有“大”字，其实和毛蚁同样微小，它们的家在杂物拥挤的地方，迁徙之路，

合力托运大个子兵蚁。兵蚁在家族中数量不多，成年后，是蚂蚁家族里的壮汉和士兵，保家卫国全仗它们。

道阻且长。小树枝对它们是横亘的巨大障碍。几次想帮它们挪开，又怕反而惊扰到它们。我这只大大的人类动物，真没用，帮不上忙，只能干瞪眼看着，以目光助力吧。队伍开拔到此，虽然速度放慢，但还是有序而吃力地抱着宝宝爬过。事故同样难免，一只工蚁到底还是被绊倒，卵滚落在地。骚动出现了，队形开始凌乱，数只工蚁晃着触角，像在焦急地问："出什么事了？"很快，工蚁们以大局为重，在极短的时间内恢复秩序，大部队继续一往无前。好在摔倒的工蚁，最终成功捡回宝宝，算是大幸。也让在一边关注的我跟着松了口气。

朋友劝我将家里这些小蚂蚁全干掉，还拿出网上对其讨伐的内容让我看。可我阳台的这个群体，又不是会破坏建筑的白蚁，从不骚扰我，也没有打搅花草，我们在同一屋檐下各活各的，相安无事，为什么要杀它们？

“呆萌”成长记

这几年，园艺世界，铁线莲大热，号称“藤本皇后”。将要讲的小故事，就和我种的“野铁”，即本土野生的毛茛科铁线莲属植物有关。它叫女萎，是用山中采集的种子繁殖的。

话说这女萎，很快伸展出藤蔓植物的风情，想象着以后朵朵白花点缀其间，青白一片，正是我想营造的素淡阳台景致。在这样的期待中，芒种后的第一天，叶子上果然有了尖锐的绿色小东西，花苞？位置不对不可能。虫瘿？也不可能一晚上生成这么大。

换个角度，看明白了，这绿尖尖还有一对超级大长腿和超级长触须！初步判定这是螽（zhōng）斯家族里的露螽，这位白天睡大觉，埋头撅腚，绿尖尖是翘着的小屁股，极像植物的一部分，难被发现。趋光的它，可能是某个晚上阳台外的路灯，把它妈妈勾引来产卵，于是小家伙便安居在这儿。

图1：女萎叶上的怪尖儿。露螽简直懒得不像活物，它完全是长在叶上的静物，白天，叶子是床，晚上，叶子是美食，几乎不挪窝。
图2：找到它的腿了吗？

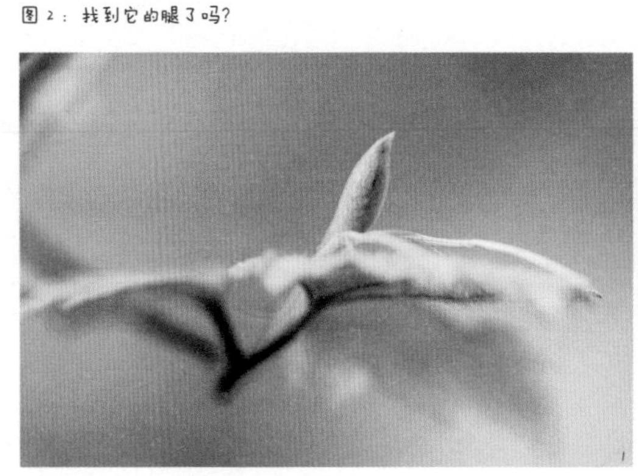

这位白天睡大觉，埋头撅腚，绿尖尖是翘着的小屁股，极像植物的一部分，难被发现。

女萎边上，有株高高的夜来香，夜来香茎叶上有只草蛉幼虫，每时每刻永动机般兜圈转悠，小短腿不断快速倒腾着，我老有喊停让它歇会儿喝口水的傻念头。一对比，露螽简直懒得不像活物，没有通常所见的昆虫那般敏感，风吹草动，外力碰触，会嗖一下开溜。它完全是长在叶上的静物，白天，叶子是床，晚上，叶子是美食，几乎不挪窝。浇水的时候，我用牙签轻轻捅身体，不动。轻轻敲脑袋，不动。挠它垂在叶子外边的腿，这回动了，以电影特效的慢动作，缓缓、缓缓抬起腿，然后，我把南北两个阳台的花都浇完水，回过头来找它，那条抬举着的超长腿，才刚开始缓缓、缓缓下降。

这只露螽，是这个夏天我格外喜欢的花园小伴侣，一进阳台，第一眼没瞥见翘着的屁股尖，会小小地失落，马上沿着女萎藤上下搜索，好在这懒货总是走不远。快七月的时候，连着几天，露螽失联了，恰好梅雨开始没完没了，心情一并暗下来。某个晚上，夜来香顶端刚开的花，怎么看着好怪？呀！居然花上六条腿撑着我心

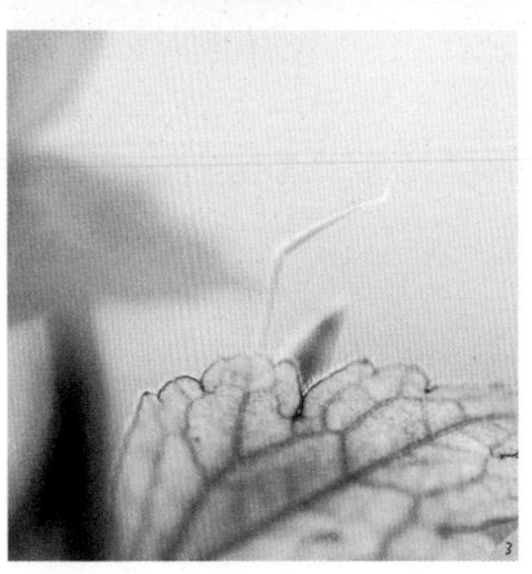

图1：常常最先看到的是超长腿和超长须。
图2：小小的露螽若虫还没有成虫的翅膀。
图3：缓缓抬起腿，老半天才缓缓落下。

爱的露螽！正慢条斯里啃花瓣呢！原来这家伙也如此喜好香艳之色，弃女萎开拓新食材去了。不过，没几天，不知是花瓣吃腻了，还是发觉并没有女萎叶可口，又乖乖重归老地方。

七月初外地去了一周，回来再见露螽，长大了一点点，不过还是老样子，懒洋洋昼伏夜出，饭量自然也不大，对女萎构不成毁灭性伤害，只是叶片上多了几枚镂刻艺术般的小孔。

七月十号，深深记得这日子，因为我被吓到：昨天还是两公分不到、翅芽短小的呆萌样，仅一个晚上，女萎叶上再看见的，竟是数公分翅长威武凛然的成年露螽！体色也深沉了许多，有黑斑，原来这一个月的缓慢，都在积蓄着这一晚上的神速发育。恭贺又一名合格的生命在我的阳台初长成。转天，再也不见了露螽，这回不用找了，那双大而硬朗的翅膀，带它进入了广阔天地。再见！我再一次既惆怅又欣喜，当初的迎来，就为这一天的送往。"呆萌"，来年夏天，我们约吧！

图1：露螽"创作"的叶面镂刻艺术。
图2：长大不少，但翅膀还只是幼稚的翅芽。
图3：一个晚上长成约六公分体长的成年露螽，像一片修长的叶子。

好友记

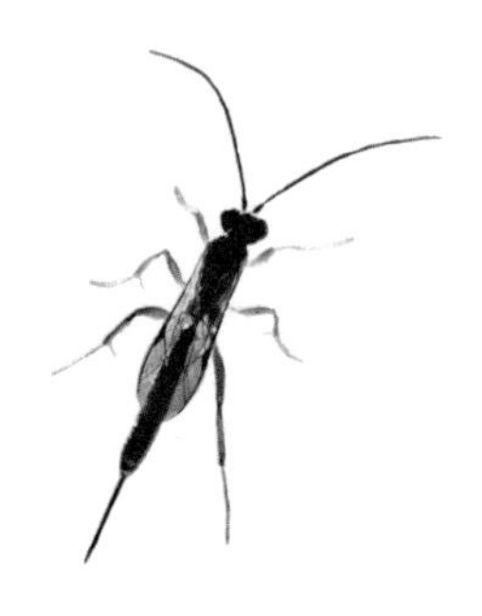

疑似姬蜂.

花草们有一位著名好朋友，却从未在阳台与之谋面，更夸张的是，这些年我从未在这个城市任何有植物开花的地方见过它，只能在一百多公里外的山区，才目睹过数只。它就是中华蜜蜂，习惯上叫它的简称“中蜂”，是中国本土的重要蜂种。中蜂的式微令人扼腕，也是生态之痛。

接着这个话题说说阳台花园来的蜂吧。

阳台天花板的灯安装得很不好，有一块空腔，却被陆马蜂相中，连续几年来营巢，这让我高度警惕，没人想和这种蜂同一个屋檐下生活。不过我又多虑了，不知何因巢没有建起来，虽然年年有太多陆马蜂轰炸机般越过花草上空，多次绕着我转悠，但我不犯它，它也不惹我。

发现镶黄蜾蠃（guǒ luǒ）的时候，这种腰部细瘦得令人

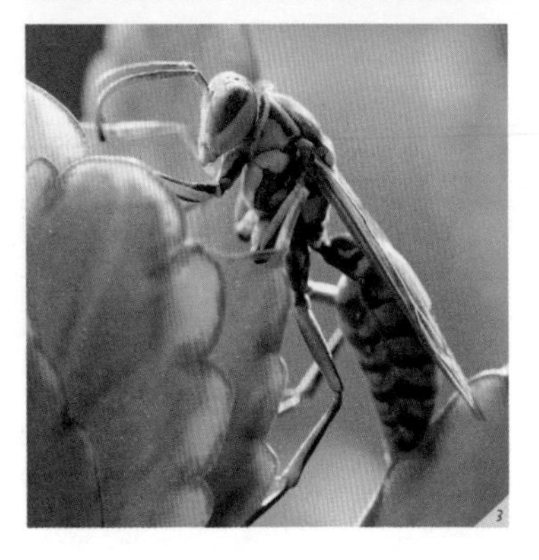

图1：疑似槌腹叶蜂.

图2：实蝇：实蝇科的许多种类是国际国内检疫部门的“通缉要犯”，所以，虽然它是阳台的老客人，但被阳台花草们拉黑踢出朋友圈了.

图3：陆马蜂.

疑似茧蜂

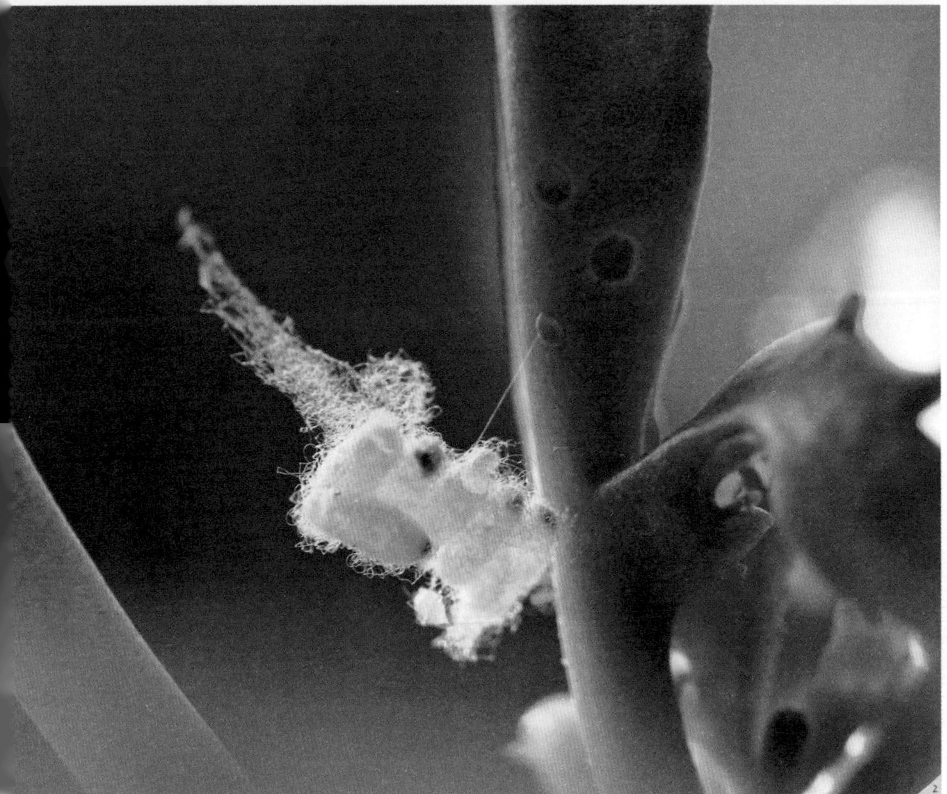

图1：叶背茧蜂微小的茧右上角有一粒更微小的灰蝶卵。
图2：叶背快掉落的茧蜂空茧周边，可见许多灰蝶幼虫咬出的洞，茧蜂果然是灰蝶劲敌。

担心的蜂种，被我笑称“长翅膀的哑铃”，正勤快地从事着泥瓦匠的工作，为宝宝们营建小家。似有健忘症，它每次飞到一楼绿化带里采挖泥土后，必须一层楼一层楼地空中停顿寻找一番，直至飞到四楼我阳台外与客厅连接处的施工地点。为什么不直飞目的地？昆虫的心思真没法猜。一只紧贴墙壁的小馒头样的泥房子很快造好，房内将上演菜粉蝶幼虫被镶黄蜾蠃幼虫寄生的好戏。

灰蝶宝宝吃长寿花，茧蜂宝宝又爱吃小灰蝶宝宝，就这样，长寿花、灰蝶、茧蜂三者又形成一条小小的阳台生态链。茧蜂精致袖珍的小茧子们，基本在长寿花叶背，离灰蝶幼虫不远。还有一种姬蜂，比茧蜂个子大，但长相极似茧蜂，都很纤细苗条，雌性尾部都有长长的针一般的产卵器。茧蜂、姬蜂，还有一种大腿小蜂，是阳台三种寄生蜂，会将卵产在对花草造成伤害的家伙的蛹、幼虫体内，是花草的至交和保护神。

茎蜂、叶蜂虽然也都是膜翅目的“蜂”，但这两大科的蜂类，却是花草朋友圈的“黑粉”。所有种月季的花友，一提茎蜂一定头大，当发现月季枝头的嫩稍耷拉下来，就明白

图1：丽蝇.
图2：大腿小蜂.
图3：疑似茎蜂.

多半是茎蜂的幼虫正在茎内驻食。至于叶蜂，阳台只有槌(chuí)腹叶蜂来过一次，以我对这种蜂有限的了解，似乎楼下的竹子才是它们的寄主，到阳台来蹭不到饭，兴许是瞎溜达到此经停的吧。

说完蜂来聊花草朋友圈的蝇。《猜猜我是谁》中的食蚜蝇们，喜欢拟态蜂类，它只是阳台花园中出现过的七种蝇类之一。胸背带有灰黑条纹的麻蝇貌不出众，但卵是胎生的，雌蝇直接生出来的就是小蛆；泛着金属蓝绿光的丽蝇靓丽显眼，“绿头苍蝇”是人类对它充满不屑的称呼。麻蝇和丽蝇都非常喜欢和花园里的植物共处，这里有它们爱吃的花蜜，多数种类的幼虫也都爱食腐，也会有一部分种类是寄生在危害植物的昆虫体内，所以人类不喜的“苍蝇”却被植物拉入朋友圈。阳台还有一种寄蝇，看它的名字就明白是寄生性昆虫，幼虫的寄主正是花草们的敌人，绝对是植物密友。最后，吐槽阳台的几种实蝇，它的幼虫潜藏在我种的植物内取食。实蝇科的许多种类是国际国内检疫部门的“通缉要犯”，所以，虽然它是阳台的老客人，但被阳台花草们拉黑踢出朋友圈了。

图1、2：镶黄蜾蠃为宝宝们勤快地造泥房子。这种腰部细瘦得令人担心的蜂种，被我笑称“长翅膀的哑铃”。

麻蝇。

你在干啥

阳台传来臭臭的尖声惊叫，为妈我闪电般飞奔而至：居然一只青绿的小螳螂（疑似广斧螳螂），挺胸瞪眼，翘着屁股，挺举一对大刀，站在小妞头顶。弯下腰看着它心说："你在这儿干啥？还指望在小囡头发里搜出大毛虫？"这霸气侧漏的主还真似听懂了，缓缓挪到我用以接驾的书上。我才抬脚迈步，戏剧性的事儿发生了：这厮一个飞身，又上了泥娃娃头顶！任我咋哄咋诱，人家霸道地就是不走了，在娃娃头顶凹各种造型。无奈，取了相机欲拍照，这举动竟惹恼了这位"小霸王"，以一记正手勾拳突袭，我失声惊叫，相机摔地，好在没啥大损坏。

这桩囧事，令我心头烙疤，每见螳螂都有狼狈感。两年后的夏天，阳台偶遇棕静螳，体棕褐，前肢内侧有黑白红三条杠（仿效也门国旗啊）。它在空气凤梨身上舔脚爪的模样，简直百媚生。我这小阳台可供不起这"大霸王"，你来干啥？果然，两日后棕静螳消失，再未现身。翌年春，阳台地面奇怪地有一群小黑点乱爬，指尖挑起一只细看，是刚孵化的好小的螳螂宝宝！小阳台无法为这么多小家伙提供伙食，赶快野放了。

远远看见一只光肩星天牛在阳台防腐木地板上抽动身体，半天不飞走，干啥呢？原来是侧身深隙夹缝内。六脚无措，慌张挣扎，天牛果然牛，

图1、2：粪金龟在阳台坠地挣扎，助其翻身，离开时"内衣"还没"塞"好。

黄星天牛就这么站了一小会儿，速闪。

借自己之力总算在东倒西歪中拔出身体逃离。这种天牛夏天常来，但每次只停一会儿。黄星天牛干脆就来过一次，速闪。花盆里出现的大竹象最荒诞，但见它反复“抽打”一只小鸟花盆装饰挂件，这位爱蛀食竹子、长着长长的大象鼻子般口器的甲虫，这怪异举动，是着急想抓稳而不得，还是从楼下竹林误入此地，急求离开焦虑所致？或是被某昆虫寄生，身体难受？

昆虫界若需要考飞行驾照，金龟子们一准通不过。我一旦听闻拖拉机般轰鸣、笨笨的它们飞向阳台、窗前，就怵，它们会不长眼不长脑地往墙上和我身上撞，不知到底在干啥。常来的除了铜绿金龟子，还有小一些棕色的粪金龟，经常被撞得七昏八素坠地不起，若背朝地，翻身那叫一个难！不断地重复无用功打转儿，发出嘶嘶怪声，小腿绝望地空中乱踢。我助力扶起，鞘翅下的那对膜翅，像没塞好的内衣还胡乱地露在外面便逃离了。我们形容人的慌乱总说“像无头苍蝇”，我看改成“没脑子的金龟子”亦可。

图1：指尖上好奇打量世界的螳螂宝宝。
图2：泥娃娃头顶的“螳螂发夹”（疑似广斧螳螂）。
图3：姬缘蝽长长的刺吸式口器正在“钻探”。

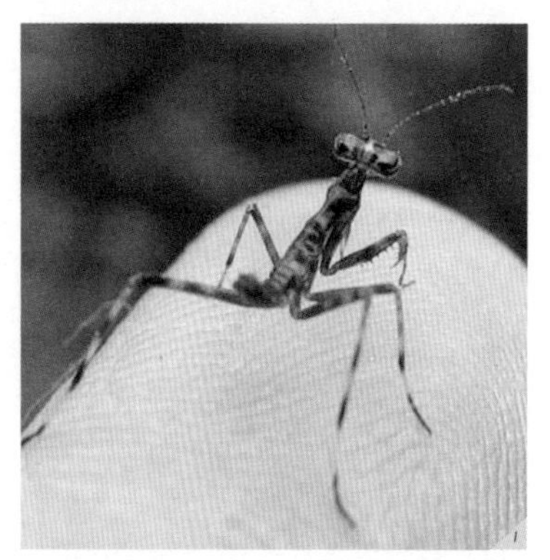

图1：广翅蜡蝉。
图2：黑蚱蝉，就是俗称的“知了”，它曾站阳台绣球花叶上咆哮硬摇滚，逼着劳作中的我，在咫尺之内听它的花园专场音乐会，声震寰宇，简直把我整个人炸碎，绝对是昆虫界“麦霸”。

某种姬缘蝽频现阳台，第一次目击时，它正抱着佛珠饱满多汁的大珠子，然后，身体不断下压、抬起。这是在干嘛？原来是用针一样细细长长的口器在钻探！喜忧同步袭心头，喜欢看见我悉心栽培的植物，再哺育另一种生灵，进入生命的传递与循环，又难免担心：会给植物带来病菌病毒吗？会造成植株干瘪死亡吗？会导致畸形变态吗？数年观察下来，欣慰的是，虽然姬缘蝽家族的许多种类会给田里的庄稼和林业带来伤害，但至少在我的阳台，被它刺吸过的佛珠叶片，每粒都结实浑圆依旧，也没有疤痕。同理，还有一种微小的网蝽，虽阳台常见但数量很少，对花草也谈不上为害。

和蝽类一样，吸食植物汁水的，还有像披着巫师斗篷的广翅蜡蝉、像一片别致叶子的褐缘蛾蜡蝉，体长仅半公分的菱纹叶蝉……但对花草的影响谈不上伤害。黑蚱蝉，就是俗称的“知了”，对我反而造成了可怕的“威胁”，它曾站阳台绣球花叶上咆哮硬摇滚，逼着劳作中的我，在咫尺之内听它的花园专场音乐会，声震寰宇，简直把我整个人炸碎，绝对是昆虫界“麦霸”。

对每位惠顾阳台者，要吃就吃要喝就喝吧，除了扎堆聚众的介壳虫、蚜虫、红蜘蛛等会清剿（这个活计常被阳台的天敌昆虫代劳），其余骚扰花草者，绝大多数只驱逐了之。此处成全一条小命，彼处或可造就一片草原。

图1：微小的菱纹叶蝉。

图2：褐缘蛾蜡蝉。

不足半公分身长的网蛉。

伪装者

图1：你看到什么？
图2：将图1放大看，原来有只好大的毛虫！

伪装，在此无关伦理意义的“造假”，而是生命在为适应环境，渐渐形成的高超绝妙的生存策略与技巧。辨伪，则是一场智力挑战和较量，对一名自然博物爱好者，更是在野外的必备技能，每行一步，都需对视域内雷达般搜罗的所有信息，进行快速判断甄别，否则，既会错失精彩，也会面临危险。双足起落间，可能惊飞一只融于环境的鸟或高度拟态的奇特昆虫，也可能踩中一尾不易察觉的毒蛇。这是自然观察的难点，更是乐趣所在。这份小心翼翼的背后，不是光靠性格的谨慎，更在于平素相关常识与经验的累积。

《会跑的垃圾堆》中，那些草蛉宝宝，背驮战利品尸首及土块、植物碎屑等的混合垃圾，这种“覆物拟态”，就是昆虫相当高超的伪装术。

《猜猜我是谁》里模仿蜜蜂的食蚜蝇，靠模仿带刺且有毒的家伙，警告那些想吃它们的天敌，以达到保全小命的目的，这种防卫性拟态叫“贝氏拟态”，是英国博物学者贝茨提出的。

再通过我的阳台花园，来个小测验吧？

图1你看到什么？只有一堆交错缠绕的灌木与葫芦藤

它静止在植物身上时，仅以尾端的足扒住植物，然后将身体探伸成小树枝状。

吗？接下来看图2，原来有只好大的毛毛虫！

然后你再回看第一图，能重新找到它了吗？经常在花园中做这样的观察训练，一定造就“最强眼力”和“最强大脑”。这只毛虫是蓝目天蛾的幼虫，它的绿衣裳以及颇似叶脉的斜纹，尾部类似枝刺的臀角，配合着它在枝与叶之间的伸展姿态，简直是混入植物界的昆虫戏精。阳台的褐软蚧，也算隐蔽高手，比多肉身上的粉蚧、月季身上的吹棉蚧、海棠身上的龟蜡蚧更有“心机”，在斑叶蔓长春叶片上，它身体极扁平地贴着叶片或茎，初相遇时以为只是植物身上普通的微小褐斑呢。

再来看下面这一堆图：

横竖撇……这是在演示书法笔划？它们都叫尺蠖，尺蛾的幼虫，身材清奇，足仅分布在身体两端，走路将身体屈成“几”字再伸展，很好玩，但它静止在植物身上时，仅以尾

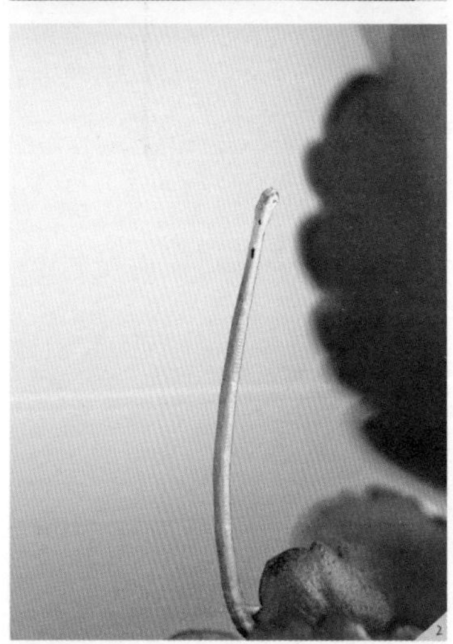

图1、2、3：横竖撇……这是在演示书法笔划？它们都叫尺蠖，尺蛾的幼虫，身材清奇，足仅分布在身体两端，走路将身体屈成“几”字再伸展，很好玩。

端的足扒住植物，然后将身体探伸成小树枝状。因为我在阳台拍成特写，能明显看出是虫，但其实我完全是靠它们黑色的粪便作为线索，才成功找到这些伪装者的，实属隐蔽性拟态高手。它们还有一招伪装术——诈尸装死，有次我扒拉叶片时突然“掉”下来一具“尸体”，一动不动，当时正忙，想着反正这家伙已祸害不了我的花草了，转身离开。但再入阳台，哇！这货正在啃得快剩叶柄的叶子上狂吃！

图2，会认为看到了啥？

反正我的第一观感是：鸟粪。再看看，哟，会动！其实它是玉带凤蝶的低龄幼虫。我的柚子树小苗，叶子被它啃得惨不忍睹。它同样是使用了隐蔽性拟态，巧妙地把弱小的自己伪装成鸟粪，以免沦为天敌的美餐。随着它渐渐长大变得肥胖，估计再装鸟粪就不像了，体色又转成绿色，与植物之色融为一体。

图1：诈尸的尺蠖。有次我扒拉叶片时突然“掉”下来一具“尸体”，一动不动。但再入阳台，哇！这货正在啃得快剩叶柄的叶子上狂吃！

图2：玉带凤蝶的低龄幼虫。它使用了隐蔽性拟态，巧妙地把弱小的自己伪装成鸟粪，以免沦为天敌的美餐。

图3、4：褐软蚧。

还有一位我没想到的伪装高手。快看大片：

“嗯？碗莲叶上的水珠，怎么会翘尾巴？”

迷你水怪？！

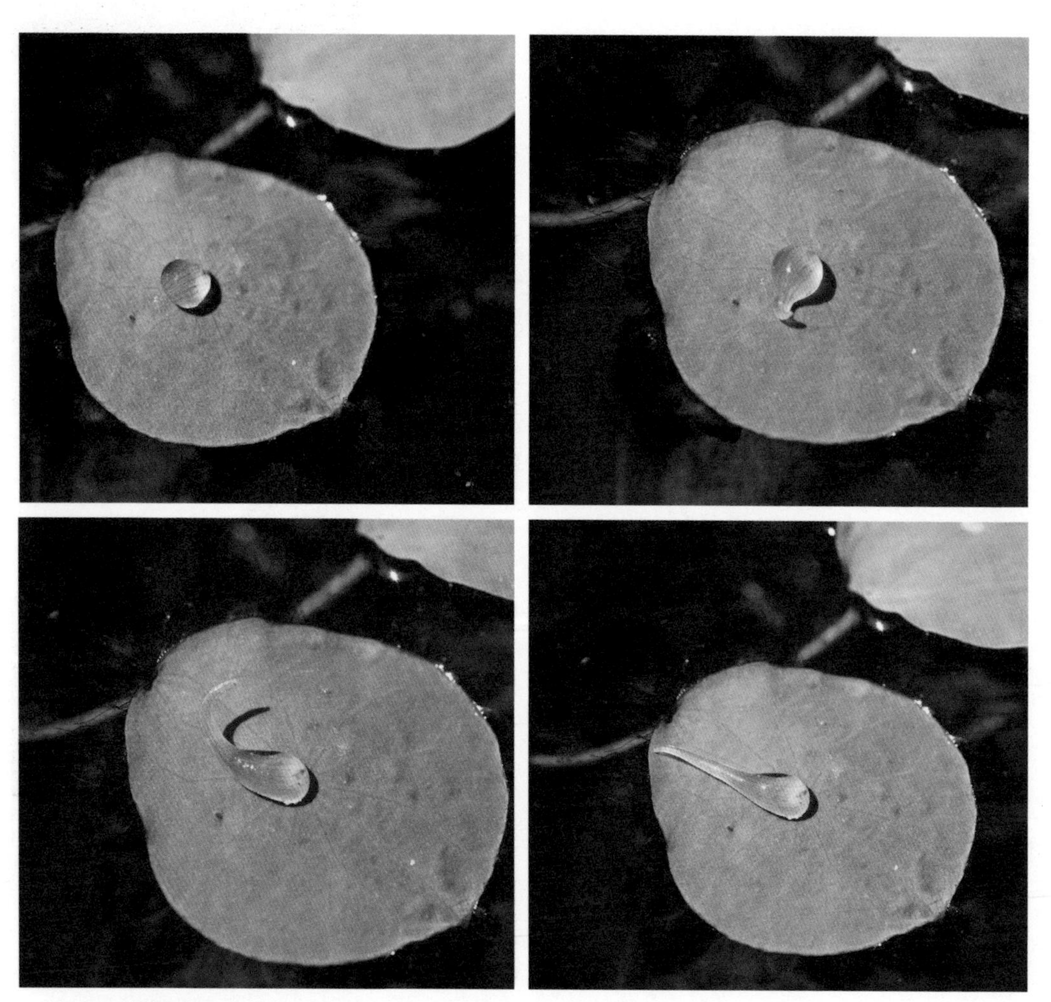

阳台怎么会有离奇的“水怪”？其实，它不是什么“水怪”，是蚂蟥，更具体地说，这是一只宽体金线蛭幼体。原来水中的蚂蟥，童年是全透明的身体，还会伪装成水珠，真乃“大隐隐于水”！

从水珠到入水这一过程时间极短，因为它太怕晒了。阳台怎么会有离奇的“水怪”？可能是我将家边水沟里捞取的螺，投入碗莲盆中时，意外将附着在螺身上的这只“水珠”掸落于莲叶吧？其实，它不是什么“水怪”，是蚂蟥，更具体地说，这是一只宽体金线蛭幼体。原来水中的蚂蟥，童年是全透明的身体，还会伪装成水珠，真乃“大隐隐于水”！

阴暗的世界

图1：翻盆换土时跑出的石蜈蚣。
图2：双线嗜粘液蛞蝓爬过铁线莲。

脚后跟好像被啥咬了。

案发经过是这样的：当时我正在阳台木地板上席地而坐，专注打字，突然，脚后跟有点痒，伸手摸摸，没啥。然后，感觉越来越强烈，最终成尖锐的刺痛，这下慌了。

现在可以回应许多人问我的问题：你为啥不怕虫子？谁说不怕？对那种腿特别多，不会鸣唱，不会飞翔，在黑暗处爬动的家伙，特惧怕，觉得它们狰狞，阴毒，鬼气森森。我常想，人类从猴子演化过来，这一路生存得不易，被某物频频伤害的心理印痕，便代代传递，让我们本能地知道，该离某种形态的东西远点。害怕并不总是意味着负面心理，它是生存必要的防卫，心中完全无畏的人，才更可怕。

睡了一晚，可了不得，脚后跟肿了！一定是那些老躲黑暗处的怪物干的，立案侦查！

首当其冲的第一嫌犯：蜈蚣。谁让你是“五毒”之一？蜈蚣属于唇足纲，我在阳台唯一见过的蜈蚣种类叫石蜈蚣，全都猫在花盆的泥土里，小身材，多数才一公分左右，最长也就两公分，体色浅淡，说实话，形象没那么招人嫌恶，可那也是蜈蚣！所以每逢翻盆换土，花盆里遇到四处窜的它们，

翻盆换土时受惊逃跑中的温室马陆。

我会一改我良善的形象，直接将之用铲子斩首！我曾一上午处决上百条，对着小尸体们发出得意的笑。然而，后来朋友告诉我：石蜈蚣胆小安静地生活在土里，吃小型无脊椎动物，对人对花草没啥危害。没准对你养花还有帮助。

竟然我错杀无辜造就阳台头号冤案？！好吧，石蜈蚣的嫌犯身份排除。

第二嫌犯：蚰蜒（yóu yán）。童年管它叫草鞋底子，一听就知，它有多见不得光。阳台哪阴湿黑暗往哪儿钻，特想给它改名叫“花盆底子”。蚰蜒和蜈蚣同为唇足纲，腿比蜈蚣细长，一有危险开溜得也比蜈蚣快，还比蜈蚣狡猾，会自断其腿以逃生。我对蚰蜒，有比蜈蚣更强烈的视觉排斥，密密麻麻的细长步足配上斑纹，绝对让患“多腿恐怖症”的我毛骨悚然。然而暗黑系的它，只是夜里活动，吃点阳台的小虫子，极偶然地在大白天出现在纱门或墙上。一点点轻微的动静，会让它敏感地迅速撤回阴暗的世界去。其实这些暗处生活的小东西，都羞怯，远比我们怕它更怕我们，看来要对蚰蜒定罪难有证据。

第三嫌犯刚想到就取消，是软甲纲的鼠妇。和蚰蜒一样

图1：翻身的蛴螬依然会用背扭着“走”.
图2：换土时挖出白胖的蛴螬.
图3：朽烂中的小木块正被这堆温室马陆瓦解.
图4：花盆里扒出的蚯蚓.

爬向白绒鬼伞的蛞蝓，正面看，像外星来客。

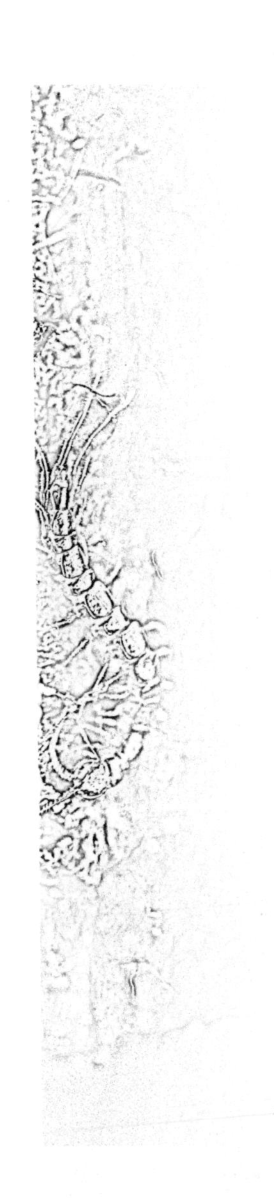

喜好昼伏夜出，也都喜好悄无声息躲在潮气较重的花盆下面，但它可是素食主义者。

第四、第五、第六位：马陆、蛴螬（qí cáo）和蛞蝓（kuò yú），但也是刚想到就摇头否定。阳台的一种温室马陆，长相酷似蜈蚣，但它的足在大部分体节两侧不像蜈蚣只有一对，而是成双成对，属于倍足纲。它喜欢扎堆在花盆的枯枝败叶下或泥土中，腐烂的木头中，谁让这些破烂是它美食呢？以它的生活习性和生活空间，大大咧咧爬我脚丫上的概率太小了。蛴螬是昆虫金龟子的幼虫，终日埋首泥土深处，吃花草的根，不会来啃我脚后跟。蛞蝓就是俗称的鼻涕虫，是腹足纲的小东西。阳台的双线嗜黏液蛞蝓，在夏日阴雨天懒洋洋现身，常常从楼下绿化带，拖着细长的身子，远征抵达四楼阳台。它对菌类百毒不侵，可它的口器无力伤人。

阳台泥土的黑暗中，还有一位老相识——蚯蚓，任何案件都不用联想到它。憨厚的食腐小动物，从来都是被伤害的主。

一周后，脚后跟肿消，案件撤诉。朋友分析，多半是只蜂，停脚后跟，我有异样感，去摸，导致它反击。我老往阴暗的世界里找罪犯，是对生活在暗处、阴湿处的生灵有偏见。是我自己因为无知，导致心理阴暗。暗处生活的生灵，许多以食腐为生，为自然界摧枯拉朽，没了它们，这世界真无法想象会沦为什么恐怖模样。

好吧，怪我。那么大的房间不去坐着打字，非去占花草虫儿们的空间。生命该各就各位，各有领地，彼此尊重互不干扰。

鼠妇.

长发舞者

总有几株花草，茎上会出现一撮一撮的白色“毛发”，不留意，还真发觉不了它下面被掩盖着淡绿色的小身体，这奇异之物，是某种蜡蝉的若虫，“毛发”是蜡质的，细看，像从尾端“喷”出来似的，有点“莫西干”发型的意思。小东西们不好动，数只排列齐整地聚在一齐，还真像操练集体舞的队列噢！

被深冬和初春的风，刮来阳台一枚种子。它像一名芭蕾舞者，微微叉开踮着的双脚，文文静静立在盆边，一小团白色丝毛蓬松在细得要命的腿脚上。这是一只阳台养鱼的大木盆，并不被我过多留意，只是喂鱼的时候，抬手间掀起的轻风，令芭蕾舞者飘忽了一下，由不得瞥了它一眼。你是谁？打哪儿来，又将飘往何处？

当这一时期的风，在楼宇稀疏的远郊，开始歇斯底里呼啸撕扯，芭蕾舞者们，越来越多地降临在阳台枝叶花朵间。

缀在栀子花叶上的，先在叶背舞动，突然一个滚翻，飘逸到叶面上，像街舞炫技；花朵间的，搂紧花苞跳端庄的交谊舞；缠绵枝头的，或者玩钢管舞，或者狂跳甩发舞……人类的舞种根本不够描述。这附着力是有多强大，可以让它这样牢牢抓握不被劲风拽开？

一次晚饭后的随意漫步，不自觉被一片野景吸引，一大片类似芦苇的植物，顶端大丛大丛的飘絮飞蓬，那阵仗，无需风力，齐刷刷舞出一种旷野里的壮观姿态。轮廓苍茫的大美，诱我走向它们，细看群舞中的个体，与阳台舞者何其神似，一定就是本家！然而，认真向植物学家和书本求教的结果，彻底否定了我的自以

图1：甩发舞。

图2：街舞炫技般，不断在叶面叶背旋转。

图3：紧紧拥抱黄麻子酢浆草的花苞，跳起交谊舞。

迎着光的萝藦种子，像空中水母。

为是，阳台的长发舞者，极大的可能是某菊科植物，因为毛是长在种子头上，而芦苇的种子正相反。

就是这么有戏剧性，刚刚失望地否定了野外寻找后的判断，阳台适时地又迎来一位神秘的长发舞者，发丝更柔细，注意，是着生于种子下部！这位才是野地所见的本家吧！不过，野地那一片也不是芦苇，最终认定是同为禾本科的五节芒。对一只如此细微的种子而言，从那片五节芒生长的地方，漫游到阳台，可是并不近的路程，该是舞之蹈之经历了多少七扭八绕和惊心动魄！

一枚来自野外的萝藦种子，被一场极其暴躁的风，吹离果壳，将绢质的种毛揪扯成“怒发”，宛若一只空中水母，在阳台没有方向地漫舞。当它飘离阳台的瞬间，褐色心形的种子，迎着光，美得荡气回肠，种胚明确透露出来，那是缩微的生命信息，新生命的芯片，将有另一片未知的空间，妥妥地接收它，待到合宜的时节，被泥土、阳光、雨水合力解读，再现成长的华彩。

希望野性的种子们，经停于阳台，最终，能在城市边缘，成功回归到属于它们的野地。

图1：某蜡蝉的若虫。
图2：疑似五节芒的种子在舞动。

欢迎光临花园时光系列书店

中国林业出版社天猫旗舰店

花园时光微店

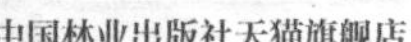

扫描二维码了解更多花园时光系列图书

购书电话：010-83143571